陈泉心理学考研系列

心理学考研教材通
知识全解读

教育心理学

主编 陈泉 许冰

北京邮电大学出版社
www.buptpress.com

图书在版编目（CIP）数据

教育心理学 / 陈泉，许冰主编. -- 北京：北京邮电大学出版社，2025.7

（心理学考研教材通——知识全解读；4）

ISBN 978-7-5635-6977-9

Ⅰ.①教… Ⅱ.①陈… ②许… Ⅲ.①教育心理学 Ⅳ.① G44

中国国家版本馆 CIP 数据核字 (2023) 第 143828 号

策划编辑：彭怀洲	责任编辑：孙宏颖	责任校对：张会良	封面设计：海图博雅	

出版发行：北京邮电大学出版社
社　　址：北京市海淀区西土城路 10 号
邮政编码：100876
发 行 部：电话：010-62282185　传真：010-62283578
E-mail：publish@bupt.edu.cn
经　　销：各地新华书店
印　　刷：保定市中画美凯印刷有限公司
开　　本：889 mm×1 194 mm　1/16
印　　张：68.25
字　　数：1895 千字
版　　次：2025 年 7 月第 1 版
印　　次：2025 年 7 月第 1 次印刷

ISBN 978-7-5635-6977-9　　　　　　　　　　　　　　　定价：228.00 元（共 7 册）

·如有印装质量问题，请与北京邮电大学出版社发行部联系·

学习导读

学科介绍

教育心理学是研究教育教学情境中学与教的基本心理规律的科学，它主要研究教育教学情境中师生教与学相互作用的心理过程、教与学过程中的心理现象。

教育心理学的具体研究是围绕学与教相互作用过程而展开的。学与教相互作用过程是一个系统过程，该系统过程包含学生、教师、教学内容、教学媒体和教学环境等五要素，由学习过程、教学过程和评价或反思过程这三种活动过程交织在一起。

科目框架

《教育心理学》的内容可以概括为6个部分。第一部分为教育心理学概述，第二部分为学习与心理发展，第三部分为学习理论，第四部分为学习动机，第五部分为知识的学习，第六部分为社会规范的学习，如图1所示。

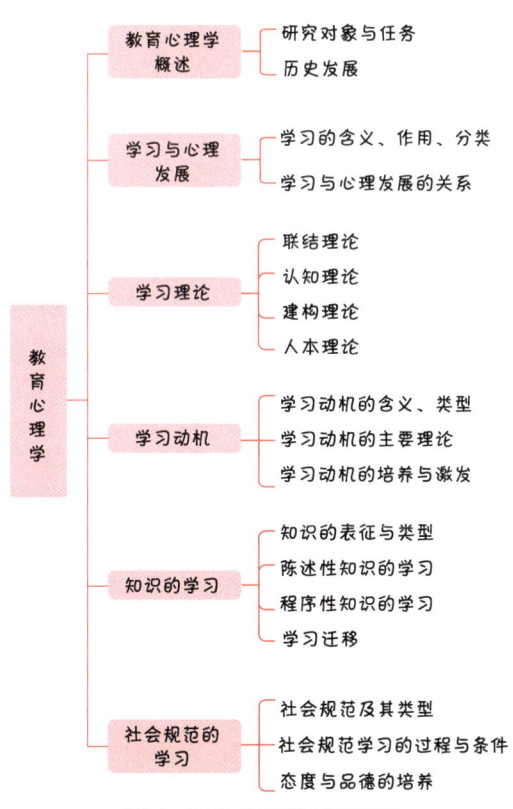

图1 教育心理学科目框架

考查目标

1. 理解并掌握教育心理学的基本概念、主要理论及其教学应用。
2. 理解并掌握教育心理学的经典实验研究及其结论。
3. 形成教育心理学学科思维，并能够运用该思维方式看待学习活动与教育活动过程中各种心理现象的发生与发展特点。

考查特点

在研究生考试中，各院校对教育心理学的考查题型尽管存在差异，但从整体上来说，主要有单项选择题、多项选择题、名词解释、简答题、论述题或综合题等5种形式。

（一）单项选择题

考查要点：概念（定义、区分）、理论（代表人物、内容）。

例题：

1. 学生在掌握"亲社会行为"概念后，在新冠肺炎疫情防控期间，进一步认识到"居家隔离"和"佩戴口罩"也属于"亲社会行为"，这一学习过程属于（　　）。

　A. 相关类属学习　　　　　　　　　　B. 派生类属学习
　C. 并列结合学习　　　　　　　　　　D. 归纳概括学习

2. 提出"学生掌握学科基本结构的最好办法是发现法"的心理学家是（　　）。

　A. 桑代克　　　　　　　　　　　　　B. 维果茨基
　C. 皮亚杰　　　　　　　　　　　　　D. 布鲁纳

（二）多项选择题

考查要点：概念定义、理论观点、特点、功能、影响因素等。

例题：

1. 下列关于学习概念的表述正确的有（　　）。

　A. 学习都伴随着行为的变化　　　　　B. 行为变化都意味着学习
　C. 学习是个体经验获得的过程　　　　D. 条件反射的形成都是学习

2. 建构主义理论倡导的学习与教学方式有（　　）。

　A. 探究学习　　　　　　　　　　　　B. 情境学习
　C. 程序教学　　　　　　　　　　　　D. 支架教学

（三）名词解释

考查要点：重点名词。

例题：

1. 先行组织者
2. 学习策略

（四）简答题

考查要点：重要的理论观点、影响因素、培养方法、教学启示等。

例题：
1. 简述学习迁移的概括化理论及其对教学的启示。
2. 简述学习动机中的自我价值理论。

（五）论述题或综合题

考查要点：重要的理论观点、影响因素、培养方法、教学启示等（举例或依据材料进行分析）。

例题：
1. 影响个体创造力发展的因素有哪些？如何培养学生的创造力？
2. 在某次幼儿园大班的家长会上，几位母亲就如何塑造或改变孩子的行为习惯纷纷进行了发言。

丁丁妈妈：因为6岁左右的孩子还分辨不清是非善恶，很多时候并不清楚哪些是好的行为，哪些是坏的行为，我和孩子他爸的做法是，告诉小孩要听父母或幼儿园老师的话，耐心地告诉孩子哪些是正确的行为，是可以做的，哪些是错误的行为，是不可以做的……

乐乐妈妈：我很少跟孩子讲大道理，我的做法是对孩子好的行为就予以表扬和奖励，对孩子的不良行为就予以忽视或惩罚……

甜甜妈妈：我们的做法是家长以身作则，比如训练孩子要诚实守信，我和孩子他爸从来不在孩子面前说假话，向孩子许下的承诺就一定会兑现……

试分析上述幼儿家长的教育方法反映的发展心理学或教育心理学原理，并提供教育建议。

复习攻略

（一）理解实验过程，掌握理论内涵

教育心理学涉及的理论非常多，例如第三章的学习理论、第四章的学习动机，这些理论内容繁杂，如果不理解，死记硬背，学起来会非常困难。心理学当中的大部分理论都是通过一些实验得来的，因此，建议大家结合配套课程，了解具体的实验过程，要清楚为什么提出这些理论，这些理论能够解释什么问题，只有理解了理论的内涵，才能更好地去记忆和学以致用；此外，这些理论跟普通心理学当中的很多理论是重合的，建议大家结合普通心理学一起学习，对于不同教材论述有差异的地方不需要过多纠结，掌握一种最全面的内容即可。

（二）注重知识点的联系与区别，进行对比学习

在教育心理学中，理论与理论之间、概念与概念之间有很多相似之处，非常容易混淆。因此，考生在复习时，要多思考和对比，善于发现概念与概念之间、理论与理论之间的联系性和差异性。对于理论部分，每一个理论都是在前一个理论的基础上进行完善的，因此，厘清理论之间发展的逻辑，知道这个理论相比前一个理论更完善的地方，能够让我们更清晰地把握理论之间的联系与区别。对于相似的概念，考生要更多地结合生活中的案例去帮助自己理解，例如正强化和负强化，直接强化、替代强化和自我强化，结果期待和效果期待（自我效能感），掌握目标和表现目标等。这些概念比较抽象，并且名称具有一定的相似性，可以通过举例子的方式简洁明了地进行区分，例如，正强化是"认真学习，奖励糖果"，负强化是"认真学习，免除打扫房间"，前者呈现愉快刺激，后者取消厌恶刺激。

（三）联系社会热点，学以致用

教育心理学是心理学与现实教育领域相结合而建立起来的一门分支学科，其概念或理论的提出多因现实研究所需或为解决现实问题服务。因此，主观题部分经常会考查考生对相关的概念或理论的实际运

用意义的个人思考、个人评价，例如观察学习理论的"榜样教育意义"、有意义接受说的"先行组织者策略教育意义"。所以，考生在学习过程中，要关注每个学习概念、学习理论对现实教育教学活动的启发性意义；在学习过程中，多思考，联系社会热点，将自己所学学以致用。

目录

第一章 教育心理学概述

知识导读	001
知识地图	001
知识精讲	001

第一节 教育心理学的研究对象与任务 ··· 001
    知识点1　教育心理学的研究对象 ··· 001
    知识点2　教育心理学的研究任务 ··· 002

第二节 教育心理学的历史发展 ··· 002
    知识点1　教育心理学的起源 ··· 002
    知识点2　教育心理学的发展过程 ··· 003
    知识点3　教育心理学的研究趋势 ··· 005

第二章 学习与心理发展

知识导读	006
知识地图	006
知识精讲	006

第一节 学习的含义与作用 ··· 006
    知识点1　学习的含义 ··· 006
    知识点2　学习的作用 ··· 007

第二节 学习的分类 ··· 007
    知识点1　学习水平分类 ··· 007
    知识点2　学习性质分类 ··· 009
    知识点3　学习结果分类 ··· 010
    知识点4　教育目标分类 ··· 010

知识点 5	学习的意识水平分类	011
知识点 6	正式学习与非正式学习	011

第三节　学习与心理发展的关系 ··· 012

知识点 1	学习与个体心理发展	012
知识点 2	学习准备与发展性教学	012

第三章　学习理论

知识导读 ·· 014
知识地图 ·· 014
知识精讲 ·· 015

第一节　学习的联结理论 ··· 015

知识点 1	巴甫洛夫的经典性条件作用说	015
知识点 2	华生对经典性条件作用的发展	016
知识点 3	桑代克的联结-试误说	017
知识点 4	斯金纳的操作性条件作用说	019
知识点 5	班杜拉的社会学习理论	022

第二节　学习的认知理论 ··· 025

知识点 1	早期的认知学习理论	025
知识点 2	布鲁纳的认知-发现说/认知-结构教学论	029
知识点 3	奥苏伯尔的有意义接受说	031
知识点 4	发现学习与接受学习的对比	035
知识点 5	加涅的信息加工学习理论	036

第三节　学习的建构理论 ··· 039

知识点 1	建构主义的思想渊源与理论取向	039
知识点 2	建构主义学习理论的基本观点	040
知识点 3	认知建构主义学习理论与应用	042
知识点 4	社会建构主义学习理论与应用	044
知识点 5	对建构主义的评价	046

第四节　学习的人本理论 ··· 047

知识点 1	罗杰斯的学习与教学观	047
知识点 2	人本主义学习理论的应用	049
知识点 3	奥苏泊尔的有意义学习与罗杰斯的有意义学习的对比	049

第四章　学习动机

知识导读	051
知识地图	051
知识精讲	051

第一节　学习动机的含义及其类型 ·· 051
　　知识点1　学习动机的含义与作用 ·· 051
　　知识点2　学习动机的类型 ·· 052

第二节　学习动机的主要理论 ·· 054
　　知识点1　学习动机的强化理论 ··· 054
　　知识点2　学习动机的人本理论 ··· 055
　　知识点3　学习动机的社会认知理论 ·· 056

第三节　学习动机的培养与激发 ·· 063
　　知识点1　激发与维持外部动机 ··· 063
　　知识点2　激发与维持内部动机 ··· 064
　　知识点3　成就动机训练 ·· 065

第五章　知识的学习

知识导读	067
知识地图	067
知识精讲	068

第一节　知识的表征与类型 ··· 068
　　知识点1　知识的表征 ·· 068
　　知识点2　知识的类型 ·· 069

第二节　陈述性知识的学习 ··· 070
　　知识点1　知识的理解与保持 ··· 070
　　知识点2　概念的学习 ·· 073
　　知识点3　错误概念 ··· 074

第三节　程序性知识的学习 ··· 076
　　知识点1　心智技能的学习 ·· 076
　　知识点2　认知策略的学习 ·· 078
　　知识点3　动作技能的学习 ·· 080

第四节　学习迁移 ········· 084
知识点 1　学习迁移的含义 ········· 084
知识点 2　学习迁移的类型 ········· 084
知识点 3　学习迁移的经典理论 ········· 085
知识点 4　学习迁移的现代理论 ········· 089
知识点 5　学习迁移的促进 ········· 092

第六章　社会规范的学习

知识导读 ········· 094
知识地图 ········· 094
知识精讲 ········· 094
第一节　社会规范及其类型 ········· 094
知识点 1　社会规范的含义 ········· 094
知识点 2　社会规范的类型 ········· 095
第二节　社会规范学习的过程与条件 ········· 095
知识点 1　社会规范学习的过程与条件 ········· 095
第三节　态度与品德的培养 ········· 098
知识点 1　态度的形成与改变 ········· 098
知识点 2　品德的发展与培养 ········· 098

参考文献 ········· 102

第一章 教育心理学概述

知识导读

本章首先对教育心理学的研究对象、研究任务进行了简要概述，然后从历史学视角追溯了教育心理学诞生的历史背景、发展历程，并对未来的研究趋势进行了合理预测。

在心理学专业研究生考试中，本章内容考查得相对较少，主要以选择题形式进行考查，因此考生重点关注关键性历史事件即可。

知识地图

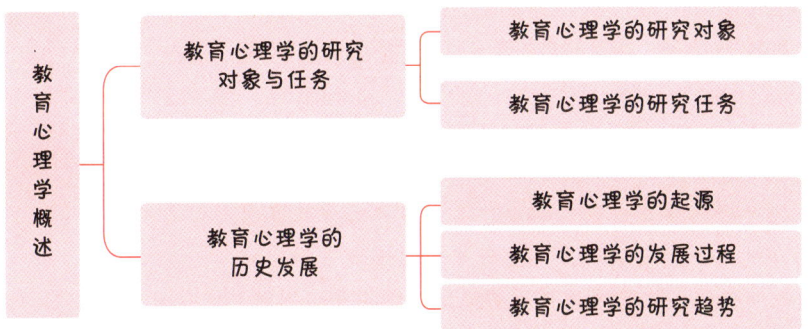

知识精讲

第一节 教育心理学的研究对象与任务

知识点 1 教育心理学的研究对象 ★

1. 教育心理学的含义

教育心理学是一门研究学校情境中学与教的基本心理规律的科学，其主要研究对象是教育系统中学生学习与教师教学的规律及其应用，具体包括学生心理、教师心理、学习心理和教学心理。其中，学习心理是教育心理学研究的核心内容。

2. 教育心理学的研究对象

①学生心理：关注不同年龄阶段学生的心理发展特点（如认知、

情感和个性发展）；关注同龄学生之间对于教学与学习的个体心理差异和群体心理差异（如智力、学习风格、社会文化背景与性别差异）。

②**教师心理**：关注教师的角色与特征；教师的专业知识、技能及教学风格等方面。

③**学习心理**：关注学习活动的心理学规律，如不同学习类型的学习规律（学习策略）、学习动机对学习的作用、问题解决与创造性思维的训练等。

④**教学心理**：关注教师如何根据学生心理、学习心理，开展教学活动，进行教学设计、课堂管理等内容。

知识点 2　教育心理学的研究任务 ★

教育心理学是教育学与心理学的**交叉学科**。因此，教育心理学具有**双重任务**。

①作为心理学科的根本任务：研究、揭示教育系统中学生学习的性质、特点、类型，以及各种学习的过程及条件，从而使心理学科在教育领域中得以向纵深发展。

②作为教育学科的根本任务：研究如何运用学生的学习及其规律去设计教育、改革教育体制、优化教育系统，以提高教育效能、加速人才培养。

> **本节小结**
>
> 本节介绍教育心理学的研究对象、研究任务。教育心理学是心理学与教育学相结合的一门交叉学科，主要研究学校情境中学生的学习心理与教师的教学心理，为现实教育活动提供科学指导。同时，正因为教育心理学是一门交叉学科，因此它既包含心理学的研究任务，又包含教育学的研究任务。

第二节　教育心理学的历史发展

知识点 1　教育心理学的起源 ★

早在 1531 年，西方学者琼·魏斯特（J.Vives，也译为比维斯）的著作中就出现了**"教育心理学"**这一名词。

1. 教育心理学产生的时代背景

（1）19 世纪政治、经济和教育的发展

19 世纪是"给予全人类以文明和文化的世纪"。这一时期资本主义政治、经济快速发展，迫切需要具有文化科学知识的统治人才和大量的熟练工人，教育事业得以蓬勃发展。

第一章 教育心理学概述

同时,人们逐渐认识到,心理学知识对教育工作者十分必要。例如,著名的瑞士教育家裴斯泰洛齐(J.H.Pestalozzi)曾主张教师要研究学生的本性,并提出了"教育心理学化"的口号,客观上推动了教育心理学的产生。

(2)19世纪心理学的发展

19世纪心理学获得了划时代的长足发展,为教育心理学作为一个独立分支从母体学科中分离提供了可能。

2. 教育心理学的产生及早期著作

早期的教育心理学著作多数把心理学知识通过推论移植于教育,专门对实际的教育心理学问题进行研究的著作很少。

① 1806年,赫尔巴特发表了《普通教育学》一书(原名为《从教育目的引出的普遍教育学》)。该书试图以心理学的观点来阐述教育的一些问题,特别是教学的理论问题。该书提出了教学的"明了、联想、系统和方法"4个形式阶段(统觉团的形成过程)。19世纪中叶,他的学生将4个形式阶段扩展为"准备、提示、联想、系统、方法"5个阶段,即后来在欧美普通教育中很流行的"赫尔巴特五段教学法"。

② 1868年,俄国著名教育家乌申斯基出版了《教育人类学》(此书的中译本为《人是教育的对象》,科学出版社,1959年出版),他被称为"俄罗斯教育心理学的奠基人"。

③ 1877年,俄罗斯教育家和心理学家卡普杰列夫出版了俄国第一本《教育心理学》,这是最早正式以"教育心理学"命名的教育心理学著作。   >> TIPS ①

3. 实验教育运动

19世纪末20世纪初提倡对儿童身心进行实验研究的"实验教育运动"出现了,其倡导者是德国教育家梅伊曼和拉伊。这对后来教育心理学研究中测验与实验的应用起了极大的推动作用。

知识点 2　教育心理学的发展过程 ★   >> TIPS ②

1. 初创时期(20世纪20年代以前)

1903年,美国心理学家桑代克出版了《教育心理学》,这是西方第一本以"教育心理学"命名的专著,标志着教育心理学的诞生。

1913—1914年,他又把此书发展成《教育心理学大纲》三卷本,分别为:①人的本性;②学习心理;③个别差异及其原因。他提出的学习三大定律(准备律、练习律、效果律)及个别差异理论,成为20世纪20年代前后教育心理学研究的重要课题。

TIPS ①

卡普杰列夫的《教育心理学》是最早正式以"教育心理学"命名的一部著作,但由于它没有提供一个独立的学科内容体系,因此,它的出版并不意味着教育心理学作为一个独立的学科从此确立了,即它不是教育心理学诞生的标志。

TIPS ②

桑代克创建了教育心理学的完整体系,使教育心理学成为一门新的学科。由此,桑代克成为教育心理学的奠基人,被称为"教育心理学之父"。

2. 发展时期（20 世纪 20 年代—50 年代末）

这一时期教育心理学的研究内容凌乱、庞杂，教育心理学尚未成为一门具有独立理论体系的学科。

① **20 世纪 20 年代**：吸取儿童心理学和心理测验方面的研究成果；行为主义占优势，强调客观性，重视实验研究；杜威强调"做中学"。

② **20 世纪 30 年代**：学科心理学成了教育心理学的组成部分。维果茨基提出了"文化发展论"和"内化论"。 ≫ TIPS ③

③ **20 世纪 40 年代**：弗洛伊德的理论广为流传，有关儿童的个性和社会适应以及生理卫生问题进入了教育心理学领域。

④ **20 世纪 50 年代**：苏联教育心理学重视结合教学与教育实际进行综合性的研究，学科心理学获得大量成果；程序教学和机器教学兴起，同时信息论的思想为许多心理学家所接受，影响并改变了教育心理学的内容。

⑤ 我国最早的一本教育心理学著作是 1908 年**房东岳译、日本小原又一**著作的《教育实用心理学》。1924 年**廖世承**编写了我国第一本《教育心理学》教科书。

3. 成熟时期（20 世纪 60 年代—70 年代末）

这一时期，西方教育心理学比较注重结合教育实际，注重为学校教育服务。

① **20 世纪 60 年代**：美国教育心理学家**布鲁纳**等人发起了"**课程改革运动**"；人本主义心理学家**罗杰斯**提出了"**以学生为中心**"的主张，认为教师只是"方便学习的人"。

② **20 世纪 70 年代**：认知学习理论发展出认知结构理论和信息加工理论；**奥苏伯尔**的"**有意义接受说**"阐述了有意义学习的条件、意义的获得与保持的进程；**加涅**的"**信息加工学习理论**"则系统地总结了已有的学习研究成果，对人类的学习进行系统分类，并阐明了不同类型学习的内部与外部条件。

③ 苏联教育心理学强调教育心理学理论联系实际，提倡**自然实验法**。

④ 在美国，教育心理学随着信息科学技术（计算机）的发展而发展，**计算机辅助教学（CAI）**研究兴起。

4. 深化拓展时期（20 世纪 80 年代以后）

这一时期，教育心理学越发重视与教学实践相结合，教育心理学理论派别间呈现融合趋势，具体表现为：

① 认知理论和行为派理论互相汲取彼此合理的东西，且两派都希望能填补理论与实践的鸿沟。

② 东西方心理学相互吸收。

"文化发展论"和"内化论"：

①"**文化发展论**"：关注学习和知识建构的社会文化机制，认为知识是个体主动建构的，但这种建构不是随意的任意建构，需要与他人磋商并达成一致来不断地加以调整和修正，并且不可避免地受到当时社会文化因素的影响；也就是说，学习是一个文化参与的过程，学习者只有借助于一定的文化支持来参与某一学习共同体的实践活动，才能内化有关的知识。

②"**内化论**"：维果茨基认为，人具有动物所不具备的高级心理机能，如概念思维、理性想象、有意注意、逻辑记忆等，其核心特点是将语言和符号作为工具，是文化历史发展的结果。人的高级心理机能是各种活动和交往形式不断内化的结果。内化就是把存在于社会中的文化变成自己的一部分，从而有意识地指引自己的各种心理活动。

知识点 3　教育心理学的研究趋势 ★

1. 研究学习者的主体性和能动性

如研究多元智力、学习风格等方面存在的个体差异（主体性）；如探讨学生在学习过程中如何进行反思，自我监控、管理等（能动性）。

2. 研究学习的内在过程和机制

如研究知识获得的深层次加工过程；探讨认知与学习过程的脑机制。

3. 研究社会环境和文化背景的影响

如社会合作对个体认知与情感的影响；不同文化背景对学习的影响。

4. 研究实际情境或教学环境设计的影响

如探讨实际问题情境性和真实性对学习及问题解决的影响；发现或探索学习的影响。

5. 研究信息技术的应用

如研究网络环境下的学习和远距离教学等。

本节小结

本节介绍教育心理学的起源、发展过程和研究趋势，按照时间脉络对教育心理学的历史发展过程进行了全面性的梳理，从产生逐步到成熟、完善，并对未来的研究趋势进行了总结。

名词总结

学生心理　　教师心理　　学习心理　　教学心理

第二章 学习与心理发展

知识导读

本章首先对学习的含义与作用进行了简要概述,然后从学习水平、学习性质、学习结果和教育目标等方面介绍了不同的学习分类,最后对学习与心理发展的关系进行了总结。

在心理学专业研究生考试中,本章内容主要以选择题或简答题形式进行考查,考生需要重点关注加涅的学习水平分类和学习结果分类,考生应做到熟记每个类别的含义,并能结合具体事例进行理解掌握。

知识地图

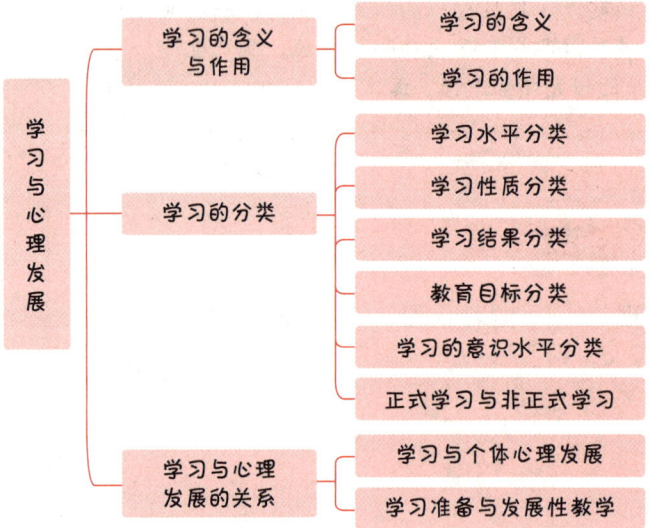

知识精讲

第一节 学习的含义与作用

知识点 1 学习的含义 ★★

学习是个体在特定情境下由于**练习或反复经验**而产生的**行为或行为潜能**的比较**持久**的变化。

这一概念有三个含义。

①学习是由 练习或经验 引起的。

②学习是以 行为或行为潜能的改变 为标志的。学习是有机体获得新的个体行为经验的过程。经验所引起的改变可以是行为上的，也可以是思维上的。

③学习引起的行为变化是 相对持久 的。　　>> TIPS ①

知识点 2　学习的作用 ★

①学习是有机体为了生存与环境取得平衡的条件。

②学习可以影响成熟，尤其是大脑智力和性格的形成和发展。

③学习能激发人脑智力的潜力，从而促进个体心理发展。

学习是一个广义概念，不仅人类普遍具有，动物也存在学习，但并不是所有的行为变化都意味着学习的存在，成熟、疲劳、药物、本能（例如鸡孵蛋、鸟筑巢、蜂酿蜜等）、适应、创伤等因素也可以引起行为变化，但不能视为学习。

本节小结

本节介绍学习的含义和作用。对于学习的含义要抓住三个特征，即由练习引起、行为或行为潜能、持久的变化，三者缺一不可。由于学习是一种后天经验，因而学习会对个体的生存与适应，以及个体的能力与人格等心理特征产生影响。

第二节　学习的分类

知识点 1　学习水平分类 ★★

1. 加涅的信息加工分类　　>> TIPS ①

1970年，加涅根据 学习繁简水平 的不同，提出了八类学习。

（1）信号学习

信号学习指个体学会对某一信号做出某种 一般的、弥漫的反应，即巴甫洛夫所研究的经典性条件反应学习。

（2）刺激－反应学习

刺激－反应学习指个体学会对某一发生的刺激做出某种 精确的反应，其过程是情境—反应—强化。

（3）连锁学习

连锁学习指个体学会由 两个以上 的"刺激—反应"所形成的 某种联结，并按照特定的顺序反复练习，同时还应接受必要的及时强化。

（4）言语联想学习

言语联想学习指个体学会以 言语作为单位的联 结，其学习条件与其他（如运动性）连锁相似，但只是在人的语言出现之后才可能从事这类学习。

（5）辨别学习

辨别学习指个体能 识别 各种刺激的 异同 并做出相应的不同的反应。它既包括一些简单的辨别，如对不同形状、颜色的物体分别作

加涅的学习水平分类是由简单到复杂、由低级到高级，前三类学习是简单反应，许多动物也能完成。八类学习对比如表2-1所示。

出不同的反应，也包括复杂的多重辨别，如对相似的、易混淆的单词分别作出正确的反应。

（6）概念学习

概念学习指个体对刺激进行分类时，学会对一类刺激作出同样的反应，也就是对事物的抽象特征的反应。

（7）规则学习（原理学习）

规则学习指两个或两个以上概念的联合。规则学习即了解两个或两个以上概念之间的关系。

（8）高级规则学习（问题解决的学习）

高级规则学习指个体在各种条件下应用规则或规则的组合去解决问题。

表2-1 八类学习对比

八类学习	含义	例子
信号学习	经典性条件作用	"下课铃—学生放学"
刺激-反应学习	操作性条件作用，行为结果对未来的影响	"努力学习—考试高分—更努力"
连锁学习	一系列的动作反应（一串动作）	投篮：助跑、起跳、下落
言语联想学习	和第三类学习一样，但它是语言单位的联结。有两种：①把一个物体和它的名称联结起来；②把一个词语和另一个词语联系起来	①看到小狗，能说出"狗"这个词 ②听到"dog"这个单词，能想起"狗"的意思；能把"我""爱""狗"三个词组成符合逻辑的句子
辨别学习	区别差异，做出不同的反应	红灯停，绿灯行
概念学习	寻找共性，做出相同的反应	自行车、轿车都属于交通工具，都用来驾驶
规则学习	明白概念和概念间的关系	①地球围绕太阳转动 ②尊老爱幼
高级规则学习	使用（一个或多个）规则解决实际问题	使用勾股定理解决数学问题

2. 1971年加涅对学习分类作了修正

加涅把前四类学习合并为一类，把概念学习扩展为具体概念学习和定义概念学习两类，由此八类学习变成六类：①连锁学习；②辨别学习；③具体概念学习；④定义概念学习；⑤规则的学习；⑥解决问题的学习。

加涅的信息加工分类修正前后对比如表2-2所示。

注意：具体概念指树、猫等直观事物，定义概念指温度、质量等抽象事物。

表 2-2 加涅的信息加工分类修正前后对比

修正前（八类）	修正后（六类）
①信号学习、②刺激-反应学习、③连锁学习、④言语联想学习	连锁学习
⑤辨别学习	辨别学习
⑥概念学习	具体概念学习
	定义概念学习
⑦规则学习	规则的学习
⑧高级规则学习	解决问题的学习

知识点 2 学习性质分类 ★★

奥苏伯尔从两个互相独立的维度（学习的形式、学习的性质）对认知领域的学习进行了分类。

1. 根据学习主体所得经验的来源（学习的形式）

（1）接受学习（掌握学习） >> TIPS 3

接受学习指将他人经验变成自己的经验，所学内容以某种定论或确定的形式，通过传授者和接受者的主动建构而实现。

（2）发现学习（创造学习）

发现学习指在主体的活动过程中，通过对现实能动地反映及发现创造，建构起一定的经验结构而实现。

2. 根据学习的性质（学习材料与学习者原有知识的关系）

（1）有意义学习 >> TIPS 4

有意义学习指学习者利用原有的经验进行新的学习，建立新旧经验间的联系。意义学习分为表征学习、概念学习、命题学习三类。

（2）机械学习 >> TIPS 5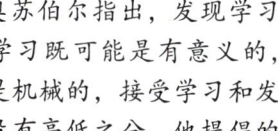

机械学习指在学习中所得经验间无实质性联系的学习。

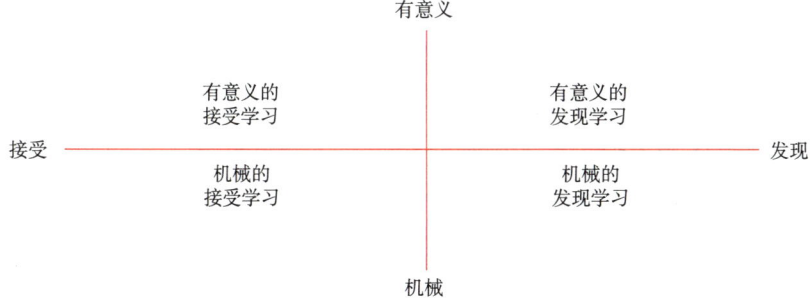

图 2-1 有意义学习－机械学习、接受学习－发现学习之间的关系

TIPS 3

新知识通过接受学习和发现学习两种形式获得。前者适合大量材料特别是理论材料的学习，后者适合解决实际问题的学习。课堂教学主要以语言文字材料呈现，因此学生的学习以接受学习为主。

TIPS 4

机械学习的心理机制是联结（行为主义）；有意义学习的心理机制是同化（建构主义）。机械学习是新知识与学习者认知结构中已有的知识建立起非实质性的、人为的联系的学习，即死记硬背，例如小学生学习乘法口诀；有意义学习是以符号为代表的新知识与学习者认知结构中已有的适当概念建立起实质性的、非人为的联系的学习，即理解学习，例如学生通过寓言故事学习成语。

TIPS 5

①奥苏伯尔指出，发现学习和接受学习既可能是有意义的，也可能是机械的，接受学习和发现学习没有高低之分。他提倡的是有意义的接受学习和有指导的发现学习。

②有意义学习与机械学习并不是绝对的，而是处在一个连续体的两个极端上。这两个维度互不依赖，彼此独立。具体的组合见图 2-1 和图 2-2。

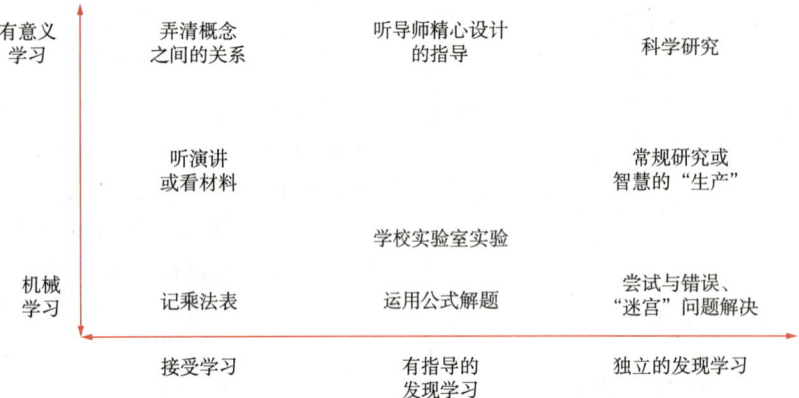

图 2-2 分布于有意义学习－机械学习、接受学习－发现学习之间的学习举例

知识点 3　学习结果分类 ★★

加涅认为，<u>学习结果</u>指各种习得的能力和性情倾向，根据学习结果，学习可以分为五种。

1. 言语信息的学习　　>> TIPS ⑥

言语信息的学习指学习大量的名称、事实、事件特性以及许多有组织的观念等，即"**是什么**"的学习，例如，北京是中国的首都。学习结果以言语信息表现出来。

2. 智慧技能的学习（智力技能或心智技能的学习）

智慧技能指个体运用符号与环境相互作用的能力，即学习解决实际问题的过程知识（"**怎么做**"的知识）。例如，怎样把分数转换成小数，怎样使动词和句子的主语搭配等。智慧技能分为辨别、概念（具体概念和定义概念）、规则、高级规则（解决问题）等技能，辨别技能是最基本的智慧技能。

3. 认知策略的学习　　>> TIPS ⑦

认知策略指个体调控自己注意、学习、记忆和思维等<u>内部心理过程的技能</u>。例如学习的时候，画框架图帮助自己提高学习效率。

4. 态度的学习

态度指个体通过学习获得的状态，影响着个体对人、事和物采取行动的内部状态。例如，看完《觉醒年代》，更加爱党、爱国。

5. 运动技能的学习（动作技能的学习）

运动技能指通过身体动作的质量（如敏捷、准确、有力和连贯等）不断改善而形成的<u>整体动作模式</u>。例如体操技能、写字技能、作图技能、操作仪器技能等。　　>> TIPS ⑧

知识点 4　教育目标分类 ★

B.S.<u>布卢姆</u>（B.S.Bloom）等提出了教育目标分类法，认为教育

言语信息的学习有三大作用：

① 言语信息的学习是进一步学习的必要条件，如识字之于文学作品。

② 有些言语信息在人的一生中都有实际意义，如时钟的识别、天体运行、四季的形成等。

③ 有组织、有联系的言语信息可以为思维提供工具。

智慧技能的学习 VS 认知策略的学习：智慧技能的学习定位于学习者的外部环境（解决"怎么做"的问题，以处理外界的符号和信息）；认知策略的学习则支配着学习者作用于环境时其自身的行为，即"内在的"东西。认知策略是学习者"管理"其自身学习过程的方式。

前三类属于认知领域的学习，第四类属于情感领域的学习，第五类属于动作技能领域的学习。

目标可以分为认知领域的教育目标、情感领域的教育目标和动作技能领域的教育目标。

1. 认知领域的教育目标

认知领域的教育目标由低级到高级共分为六级：知识、领会、运用、分析、综合和评价。

2. 情感领域的教育目标

情感领域的教育目标由低级到高级共分为五级：接受（注意）、反应、价值化、组织、价值与价值体系的性格化。

3. 动作技能领域的教育目标

动作技能领域的教育目标分为七级：知觉、定向、有指导的反应、机械动作、复杂的外显反应、适应和创新。

知识点 5　学习的意识水平分类★

1. 内隐学习

内隐学习是指有机体在与环境接触的过程中不知不觉地获得了一些经验并因之改变其事后某些行为的学习。例如：人们能够辨别哪些语句符合语法，却并不一定能够说出这些语法规则是什么。

2. 外显学习

外显学习是有意识的、明确需要付出心理努力并需按照规则做出反应的学习。例如：学习物理中的牛顿运动定律。

知识点 6　正式学习与非正式学习★

1. 正式学习

正式学习指在学校的学历教育和工作后的继续教育中发生的学习，是通过课程、教学、实习以及研讨等形式进行的。

2. 非正式学习

非正式学习指由学习者在自主的、在非正式的学习时间和场合，通过非教学性质的社会交往而进行的学习。

> **本节小结**
>
> 　　本节是本章的重点内容，为了探究学习的一般规律性及其特殊性，本节介绍了学习理论家从不同的角度对学习做出的分类。加涅根据学习水平从简单到复杂、从低级到高级将学习分为八类（后修正为六类）。奥苏泊尔根据学习性质将学习分为接受学习和发现学习、有意义学习和机械学习，并且提倡有意义的接受学习和有指导的发现学习。加涅根据学习结果将学习分为言语信息、智力技能、认知策略、态度和动作技能五类。此外学习还可以分为内隐学习和外显学习、正式学习和非正式学习。

第三节　学习与心理发展的关系

知识点 1　学习与个体心理发展★　　》TIPS ①

学习与个体心理发展之间存在相互依存、相互促进的辩证关系。

1. 个体心理发展对学习的制约作用

学习需要个体原有心理结构中具有适当的知识、技能和学习动机。大量研究表明，个体心理发展的各个阶段受心理发展规律的制约。学习必须适应个体心理的发展规律，在心理发展的不同阶段，应有不同的学习要求、学习内容和学习形式。

2. 学习对个体心理发展的促进作用

①从个体一生的发展来看，其心理的发展都是在不断的学习过程中得以实现的，学习是个体心理发展最直接的决定因素。

②从心理发展的动力机制来看，新的学习情境引起个体认知不平衡，导致个体的学习需要与学习期待成为学习的实际动力。

③从心理发展的过程来说，个体通过不断学习与广泛迁移，逐步形成能稳定调节个体活动的多种类型、多种水平的能力与品德。

知识点 2　学习准备与发展性教学★★

学习准备与发展性教学实际上探讨的是个体发展与教育之间的关系，两者存在着辩证的关系。

一方面，个体的身心发展水平和特点是教育的起点与依据，是教育的前提；另一方面，个体的身心发展依赖于教育，是教育的结果与产物。

1. 学习准备

①教育应当考虑个体原有的身心发展水平，关注个体在进行某种新的学习前的准备状态。

②这种准备状态就是促进或妨碍学习的个人特点的总和，包括生理发展状态、能力发展状态和学习动机状态等。

③根据学生原有的准备状态进行新的教学，这就是教学的准备性原则。

2. 发展性教学

教育虽然不能逾越个体的身心发展水平，但是适当的教育可以促进个体的身心发展。

（1）维果茨基　　》TIPS ②

在考虑教育与个体身心发展的辩证关系的前提下，为了最大限度地通过教育促进个体身心的发展，维果茨基提出了发展性教育，

TIPS ①

"个体心理发展对学习的制约作用"，即教学应该适应学生发展，这是皮亚杰的观点；"学习对个体心理发展的促进作用"，即教学应该走在发展的前面，这是维果茨基强调的。

本质原因在于皮亚杰持有"阶段论"的发展观，而维果茨基则持有"连续性"的发展观。前者认为个体心理发展具有阶段性，不同阶段的个体认知特点不同，教学应该适应该阶段学生的心理特性，不能揠苗助长；后者认为个体心理是持续发展的，教学应该努力为学生搭建支架，帮助学生获取最近发展区的知识而到达下一发展水平。

TIPS ②

维果茨基认为教学应着眼于学生的最近发展区，为学生提供带有难度的内容，调动学生的积极性，发挥其潜能，使其超越其最近发展区而达到下一发展阶段的水平，然后在此基础上进行下一个发展区的发展。（如图 2-3 所示）

认为**教学应该走在发展的前面**，也就是说教学不仅要依据儿童已经达到的心理发展水平，而且要预见到今后的心理发展。

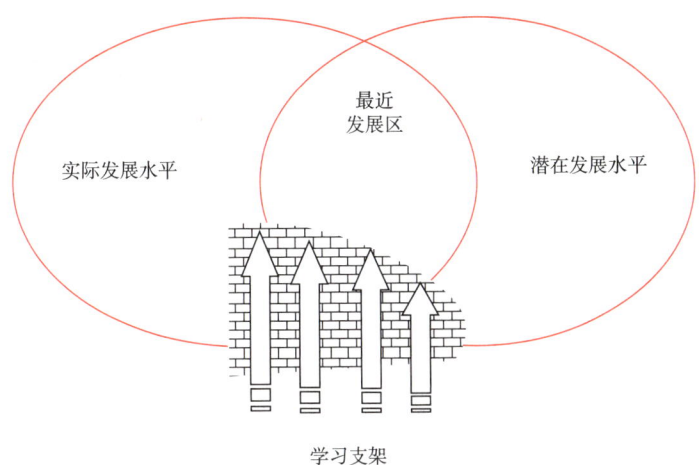

图 2-3　维果茨基的最近发展区

（2）赞科夫

赞科夫根据发展性教学的思想提出了"**教学的结构决定学生的发展进程**"，认为要把教学目标确定在学生的**最近发展区**内，要有一定难度，要让学生"跳一跳"才能摘到"桃子"，并提出了五条教学原则：①提高教学难度；②提高教学速度；③使学生依据理论指导行动；④使学生理解学习过程；⑤使所有学生得到一般的发展。

> **本节小结**
>
> 　　本节介绍了学习与个体心理发展和学习准备与发展性教学。学习与个体心理发展之间是相互依存、相互促进的辩证关系。在学习与个体心理发展的辩证关系这一前提下，维果茨基和赞科夫强调学习准备的重要性，提倡发展性教学（教学应该走在发展的前面），把教学目标定位于学生的最近发展区。

名词总结

学习	信号学习	刺激-反应学习	连锁学习
言语联想学习	辨别学习	概念学习	规则学习
高级规则学习	接受学习	发现学习	有意义学习
机械学习	言语信息的学习	智慧技能的学习	
认知策略的学习	态度的学习	动作技能的学习	
最近发展区			

第三章　学习理论

知识导读

本章从行为主义、认知主义、人本主义这三大学派和建构主义这一思潮的研究视角出发，分别介绍了学习的联结理论、学习的认知理论、学习的建构理论以及学习的人本理论。

在心理学专业研究生考试中，本章是重点考查章节，考生需要理解并掌握每个理论的基本观点、教学应用，同时要能够了解不同理论之间的联系与区别，这些内容常以简答、论述或综合题等形式出题，需要考生在理解的基础上灵活运用。

知识地图

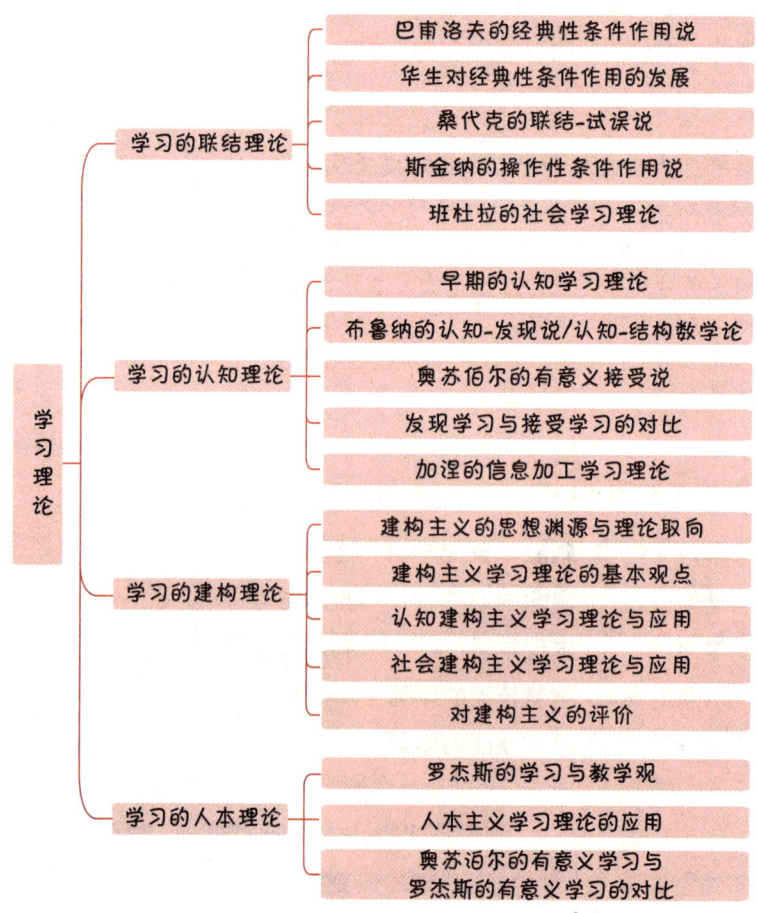

第三章 学习理论

> 知识精讲

第一节 学习的联结理论

知识点 1 巴甫洛夫的经典性条件作用说 ★

巴甫洛夫的经典性条件作用说也称为巴甫洛夫条件作用或者条件反射，在经典性条件作用下，中性刺激与有意义的刺激（无条件刺激）产生联结，并获得诱发类似反应的能力。

1. 经典实验——"狗分泌唾液实验" » TIPS ①

经典性条件作用说的构建基于巴甫洛夫的"经典性条件作用实验"，该实验分为三步。

（1）第一步

无条件刺激（食物）—无条件反应（唾液分泌）（图3-1中①）。

中性刺激（铃声）—引起注意（无唾液分泌）（图3-1中②）。

（2）第二步

中性刺激（铃声）+无条件刺激（食物）—无条件反应（唾液分泌）（图3-1中③）。

（3）第三步

条件刺激（铃声）—条件反应（唾液分泌）（图3-1中④）。

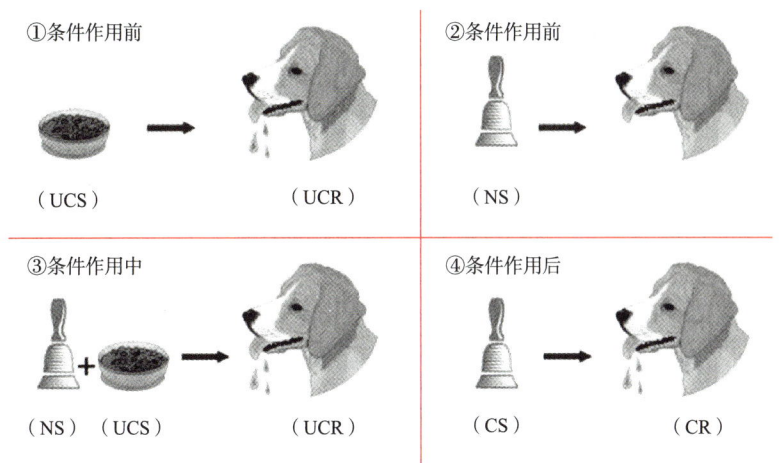

图3-1 巴甫洛夫的"狗分泌唾液实验"

2. 主要规律

（1）习得与消退 » TIPS ②

①习得：条件反应首次被诱发出来并随着实验的重复而不断增强其频率的过程。

②消退：当经典性条件作用形成，如果反复呈现条件刺激，但是又**不呈现无条件刺激**，条件反应的**强度会逐渐减弱，甚至消失**。

TIPS ①

经典条件反射作用的核心是反射，例如分泌唾液、瞳孔收缩或眨眼睛。反射是一种由与有机体生物学相关的特定刺激自然诱发的。任何能够自然诱发反射性行为的刺激，如巴甫洛夫实验中所用的食物，都叫做无条件刺激（UCS），由无条件刺激诱发的行为，叫作无条件反应（UCR），如看到食物分泌唾液。与无条件刺激相匹配的中性刺激（NS），经过一段时间反复与无条件刺激相匹配，叫做条件刺激（CS）。由条件刺激引发的反应叫做条件反应（CR），如当一段时间将声音和食物匹配时，经过多次反复刺激，狗听到声音也会分泌唾液。

TIPS ②

经典性条件作用建立的关键：条件刺激与无条件刺激必须同时或近乎同时呈现，且条件刺激必须先于无条件刺激呈现，即铃声必须先于或同时与食物出现。

例如，呈现声音的时候不呈现食物，狗分泌唾液的强度会减弱，铃声的作用也会减弱。

（2）**自然恢复**

消退现象发生后，经过一段时间，如果再次呈现条件刺激，条件反应会重新出现。

（3）**泛化与分化**　　　　　　　　　　　　　» TIPS ③

①泛化：经典性条件作用一旦形成，机体也会对于条件作用**相似的刺激**做出条件反应，如"一朝被蛇咬，十年怕井绳"。

②分化：通过选择性强化，使有机体学会对条件刺激及和条件刺激相类似的刺激**作出不同的反应**，即只对条件刺激S作出反应R，而对其他相似的刺激不作出反应。

（4）**高级条件作用**

条件作用形成后，另一个中性刺激与条件刺激反复结合，形成新的条件作用。例如，狗已经建立起对铃声的条件反应，把铃声和闪光一起配对呈现，多次反复后，闪光也能单独诱发唾液分泌。

（5）**第一信号系统和第二信号系统**　　　　» TIPS ④

①第一信号系统：第一信号指直接作用于感官的**具体的条件刺激**。由具体事物及其属性作为条件刺激而建立起来的条件反射系统叫作第一信号系统。例如"望梅止渴"。

②第二信号系统：第二信号指人类使用的**言语**、**文字**，这种言语和文字是具体事物或刺激物的信号。对第二信号发生反应的大脑皮层机能系统作用的是第二信号系统。例如"谈梅生津"。

知识点 2　华生对经典性条件作用的发展 ★

华生是美国心理学家，行为主义心理学的创始人。他是美国第一个将巴甫洛夫的研究结果作为学习理论的基础的人。

在华生看来，人类出生时只有几个反射（打喷嚏、膝跳反射等）和情绪反应（惧、爱、怒等）。所有其他行为都是通过条件作用建立新的刺激—反应（S-R）联结而形成的。

1. 经典实验——"恐惧形成实验"

实验的被试是11个月的阿尔波特。首先给阿尔波特一只小白兔，阿尔波特很开心地想要去摸小白兔，此时实验者发出让阿尔波特害怕的响声。几次后，阿尔波特看到小白兔就害怕，到后来甚至只要看到白色的有毛的东西都害怕。

2. 理论观点

（1）学习的实质在于形成习惯

学习的实质就是通过建立条件作用，形成刺激与反应之间的联

泛化和分化是互补的过程。泛化是对事物的相似性的反应，分化则是对事物的差异性的反应。泛化能使我们的学习从一种情境迁移到另一种情境，而分化则能使我们对不同的情境做出不同的恰当反应，从而避免盲目行动。

第一信号系统是"直接的"（客观事物直接作用于感觉器官）；第二信号系统是"间接的"（没有受到客观事物的直接作用，即客观事物不在面前。例如"谈虎色变"，没有真实看到虎，只是通过语言来传递）。

结的过程，从而形成习惯。

（2）习惯的形成遵循频因律和近因律

①频因律：在其他条件相等的情况下，某种行为练习得越多，习惯形成得就越迅速。

②近因律：当反应频繁发生时，最新近的反应比较早的反应更容易得到强化

3. 经典性条件作用的教育应用与评价

①经典性条件反射可以用来解释教育中很多基本的学习现象，尤其是在幼儿学习过程中出现的问题。

②运用经典性条件反射的原理，可以在一定程度上控制学生的行为，促进学生进行一些基本的、简单的学习。比如将快乐事件作为学习任务的无条件刺激。

③运用经典性条件反射原理进行心理治疗，可以矫正学生的偏差行为，消除学生对某些事物的恐惧。

④局限：经典性条件作用理论只能应用于比较简单的学习过程，它并不能解释人类复杂的行为活动，无法解释有机体为了获得某种结果而主动做出某种随意反应的学习现象，如孩子为了得到母亲的表扬而主动做家务等。因此在应用过程中要谨慎，切忌犯机械性和简单性的错误。

知识点 3　桑代克的联结－试误说 ★

1. 经典实验——"饿猫迷笼实验"

实验过程如下。

将一只饿猫放入迷笼，猫可从笼内看到笼外的食物（如图3-2左图所示）。为逃出迷笼、获取食物，猫必须学会触动笼内的某种特殊装置（如按压踏板或拉动绳线），使笼门打开。

实验之初，猫在笼内表现出乱跳、撕咬栏杆、碰撞笼壁等盲目、尝试性的无关动作，偶尔碰到踏板或拉动绳线而打开笼门，得到笼外食物。通过多次反复实验，猫逐步减少了盲目、随机、无效的动作，最后一次被放入笼内能很快地触动装置把门打开（如图3-2右图所示）。

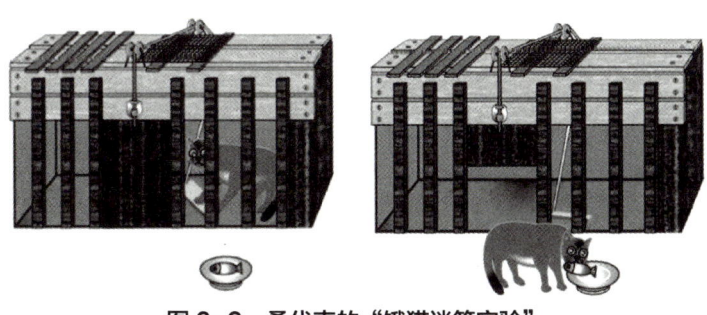

图3-2　桑代克的"饿猫迷笼实验"

2. 理论观点

①学习的实质是有机体形成**刺激—反应之间的联结**。所谓联结指外界的刺激引起了个体的某种反应，如外界的鱼（即外界刺激）引起猫的注意，迫使猫通过多次试误学会了打开笼子的开关，学会打开开关就是个体所做出的反应。可见，人和动物学到的一系列技能和知识都是外界刺激引起的刺激—反应联结。

②学习的过程是通过**盲目地尝试与错误**的渐进过程。

③学习的主要规律如下。

a. 准备律

准备律指学习者在学习开始时的**预备定势**。学习者有准备而且给予活动就感到满意，有准备而不活动则感到烦恼，学习者无准备而强制活动也感到烦恼。　　　　　　　　　　　>> TIPS ⑥

b. 练习律

练习律指**重复**一个学会了的反应将增加刺激—反应之间的联结。也就是 S-R 联结受到练习和使用越多，就变得越来越强；反之，变得更弱。

c. 效果律

如果一个动作跟随情境中一个满意的变化，在类似的情境中这个动作重复的可能性增加；跟随一个不满意的变化，这个行为重复的可能性将减少。　　　　　　　　　　　　　　　　　>> TIPS ⑦

3. 对教育的启示

（1）桑代克的学习理论指导了大量的教育实践

效果律指导人们用一些具体奖励，如小红花、口头表扬等。练习律指导人们通过大量的重复、练习和操练来训练学生。

（2）学生的学习需要通过尝试错误而获得

教师要允许学生犯错，给学生尝试各种可能性的机会，学生在试误中发现的知识反而记忆犹新，理解透彻。

（3）教师要努力让学生在试误中获得积极的学习结果

学生多次尝试错误一无所获，会丧失学习信心；学生多次尝试错误获得了学习结果，会感到信心百倍，更愿意进行新的探索。

4. 评价

①"联结—试误说"是教育心理学史上第一个比较完整的学习理论。

②它有利于确立学习在教育心理学理论体系中的核心地位，从而有利于教育心理学学科体系的建立。

③试误也是解决问题的一种途径和方法，同时试误的方法在教学中被普遍推广。

TIPS ⑤

联结—试误说否认联结形成中观念的作用，为行为主义者否定意识提供了依据。由此，桑代克被看作行为主义的先驱。桑代克的联结—试误说是教育心理学史上第一个完整的学习理论。

TIPS ⑥

例如早上起来化了个美美的妆，刚好朋友来叫你一起出去看电影，你会感到很开心；如果为了去看电影而化了妆，结果朋友爽约不去则会感到烦恼；在家蓬头垢面，父母强制你去拜访亲戚则也会感到烦恼。

TIPS ⑦

桑代克后来对三条学习律进行了修正，把准备律和练习律看成效果律的副律，强调学习最重要的因素是机体的行为后果，并且强调奖赏而不强调惩罚。

知识点 4　斯金纳的操作性条件作用说 ★★★

1. 经典实验——"迷箱实验"

斯金纳使用的实验装备称为"斯金纳箱"（如图 3-3 所示）。箱子内部有一个操纵杆，操纵杆上连接着一个装有食物的装置，箱子内部的白鼠如果不小心按压了内部的操纵杆，食物就会自动滚落到箱子中。白鼠经过几次的尝试后，就会不断按压操纵杆，从而掌握正确获取食物的方法。在这一实验中，按压操纵杆是获取食物的手段，因此操作性条件作用又叫<u>工具性条件作用</u>。　　>> TIPS ⑧

桑代克认为奖励能加强刺激反应之间的联结，而斯金纳认为强化刺激只是增强了相同行为再次发生的概率。

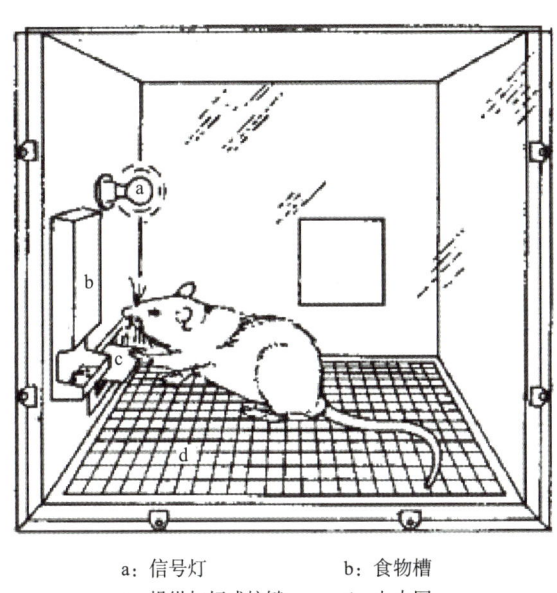

a：信号灯　　　b：食物槽
c：操纵杠杆或按键　　d：电击网

图 3-3　斯金纳的"迷箱实验"

2. 应答性行为和操作性行为　　>> TIPS ⑨

斯金纳将行为分为两类：应答性行为和操作性行为。相应地，斯金纳把条件作用也分为两类：应答性条件作用（经典性条件作用）和反应性条件作用（操作性条件作用）。

①<u>应答性行为</u>：由特定刺激引起，机体<u>被动地</u>对环境刺激作出反应，是不随意的反射行为，属于<u>引发行为</u>。

②<u>操作性行为</u>：不与任何特定刺激相联系，机体<u>主动地</u>操作行为以适应环境，是随意的或有目的的操作，属于<u>自发行为</u>。

应答性行为是被动的，由刺激控制，形成机制是巴甫洛夫的经典性条件作用（S—R）；操作性行为是主动的（机体对环境的适应），由行为的结果控制，形成机制是斯金纳的操作性条件作用（R—S），主要受强化规律的制约。

3. 强化理论　　>> TIPS ⑩

强化在操作性条件作用中是比较重要且核心的概念，它能够增强反应发生率的后果。

在操作性条件作用中，后果决定了行为再次发生的频率。不同类型的后果可以增强和减弱行为，能增强反应频率的刺激或事件叫作<u>强化物</u>。

强化与惩罚的总结（表 3-1）：

①无论是正强化还是负强化，其结果都是增加行为再次出现的概率；

②无论是正惩罚还是负惩罚，其结果都是减小行为再次出现的概率。

（1）强化和惩罚

强化：增强反应概率的刺激和事件。

①正强化：操作发生后呈现愉快刺激，反应出现的概率增加。

②负强化：操作发生后取消厌恶刺激，反应出现的概率增加。

惩罚：降低反应概率的刺激和事件。

①正惩罚（Ⅰ型惩罚）：操作发生后呈现厌恶刺激，反应出现的概率减小。

②负惩罚（Ⅱ型惩罚）：操作发生后取消愉快刺激，反应出现的概率减小。

表 3-1 强化与惩罚的总结

分类		条件	反应出现的频率	例子
强化	正强化	给予愉快刺激	增加	考得好奖励游戏机
	负强化	消除厌恶刺激	增加	考得好不用做家务
惩罚	正惩罚	给予厌恶刺激	减少	考得差罚抄写课本
	负惩罚	撤销愉快刺激	减少	考得差不能吃零食

（2）一级强化和二级强化

①一级强化：也称原始强化，满足人和动物的基本生理需要的强化，如食物、水、安全、温暖、性等。

②二级强化：也称条件强化、习得强化，任何一个中性刺激与一级强化反复联合，获得了自身强化效力的强化。如金钱。二级强化可分为社会强化、实物和活动。

（3）普雷马克原理

普雷马克原理指用高频的活动作为低频活动的有效强化物，或者说用学生喜爱的活动去强化学生参与不喜爱的活动。

普雷马克原理也叫祖母法则，即你只有做完我要求你做的事情，你才可以做你喜欢的事情。　　》TIPS ⑪

（4）逃避条件作用与回避条件作用

①逃避条件作用：当厌恶刺激或不愉快情境出现时，有机体做出某种反应，从而逃避了厌恶刺激或不愉快情境，该反应在以后的类似情境中发生的概率增加。

②回避条件作用：当预示厌恶刺激或不愉快情境即将出现的信号呈现时，有机体自发地做出某种反应，从而避免了厌恶刺激或不愉快情境的出现，则该反应在以后的类似情境中发生的概率也会增加。回避条件作用是在逃避条件作用的基础上建立的。

（5）强化程式

强化程式指反应受到强化的时机和频次。

TIPS ⑪

例如：祖母经常会说，你想要出去玩，就得先吃完这些青菜。

强化程式分为连续强化程式与间隔强化程式。具体如表3-2所示。　　　　　　　　　　　　　　　　　» TIPS

表3-2 强化程式的分类

程式	定义	例子	发应建立方式	强化终止后的反应
连续强化程式	给予每个反应强化	一按开关灯就亮	迅速学会反应	反应迅速消失，没有持续性
固定时距程式（定时强化程式）	固定时段后给予强化	按时发工资	随强化时间的临近，反应数量迅速增加，强化后反应数量骤减	反应具有很短的持续性，当强化时间过去不再出现强化物时，反应速度迅速降低
固定比率程式（定比强化程式）	固定反应次数后给予强化	计件工作	反应建立迅速，强化后反应会暂停	反应具有很强的持续性，当达到预期的反应数而不再有强化物时，反应速度降低
变化时距程式（变时强化程式）	不定时给予强化	随堂测验	反应建立缓慢、稳定，强化后反应不会暂停	反应具有更长的持续性，反应降低的速度缓慢
变化比率程式（变比强化程式）	在不定反应次数后给予强化	买彩票、老虎机	反应建立的速度很快，强化后几乎不会暂停	反应具有最长的持续性，一直保持很高的水平，不会消失

4. 行为原理的推广与应用

（1）程序教学

程序教学把学习内容分成一个个小的问题，系统排列起来，通过编好程序的教材或特制的教学机器，逐步地提出问题（刺激S），学生选择答案，回答问题（反应R），回答问题后立即就知道学习结果，确认自己回答得正确或错误。

如果回答正确，得到鼓舞（强化S），进入下一程序学习；如果不正确，就采取补充程序，再学习同一内容，直到掌握为止。其基本操作程序是：解释—问题（提问）—回答—确认。

程序教学的基本原则：

①<u>小步子原则</u>：即把学习的整体内容分解成由许多片段知识所构成的教材，把这些片段知识按难度逐渐增加排成序列，使学生循序渐进地学习。

②<u>积极反应原则</u>：即要使学生对所学内容做出积极的反应。

③<u>及时强化（反馈）原则</u>：即对学生的反应要及时强化，使其获得反馈信息。

④<u>自定步调原则</u>：即学生根据自己的学习情况，自己确定学习的进度。

TIPS

在定时强化程式中，由于有一个时间差，强化后随之以较低的反应率，但在时间间隔的末了反应率上升，出现一种<u>扇贝效应</u>。例如：学生在期末考试时临时抱佛脚就证明了这一点。

（2）行为塑造

斯金纳认为，"教育就是塑造行为"。塑造是指通过小步反馈帮助学生达到目标。采用连续接近的方法，对趋向于所要塑造的反应的方向不断地给予强化，直到引出所需要的新行为。

行为塑造技术包括顺向连锁塑造和逆向连锁塑造两种。

①顺向连锁塑造：按照顺向连锁，行为塑造过程从第一步行为开始，每次只训练一步行为，从前往后将所有单步行为连接起来，最终使学习者获得整个复杂行为。

②逆向连锁塑造：按照逆向连锁，行为塑造过程从最后一步行为开始，每次只训练一步行为，从后往前将所有单步行为连接起来，最终使学习者获得整个复杂行为。

5. 评价

（1）贡献

①斯金纳克服了桑代克、华生等联结派学说解释学习现象的局限性，扩展了联结派的眼界；加深了人们对行为习得机制的理解，使人们能成功地预测、控制和塑造、矫正行为。

②程序教学理论对教育产生了深远的影响，尤其是对于今天的计算机辅助教学而言。

（2）局限

①把人的学习与动物的学习等同起来，将人的学习简单归结为操作性条件反射，过于偏狭。

②不注重学习的内部机制和过程，将人等同于学习机器。

6. 经典性条件作用理论、操作性条件作用理论对比

两种理论的对比如表3-3所示。　　　　>> TIPS ⑬

TIPS ⑬

经典条件作用与操作性条件作用主要区别在于，前者强调的是刺激对引起所期望的反应的重要性，后者强调行为反应及其后果。

表3-3　两种理论的对比

对比项目	经典性条件作用理论	操作性条件作用理论
代表人物	巴甫洛夫	斯金纳
刺激和反应的次序	S-R	R-S
行为的性质	无意的	有意的
行为的顺序	行为发生在刺激之后	行为发生在刺激之前
心理学规则	接近-联结原则	强化-反馈原则

知识点 5　班杜拉的社会学习理论 ★★★

1. 经典实验——赏罚控制实验

实验一：班杜拉首先让儿童观察成人榜样对一个充气娃娃拳打脚踢（如图3-4所示），然后把儿童带到一个放有充气娃娃的实验室，让其自由活动，并观察他们的行为表现。结果发现，儿童在实验室里对充气娃娃也会拳打脚踢。这说明成人榜样对儿童行为有明显影响，儿童会通过观察成人榜样的行为而习得新行为。

图 3-4　班杜拉的赏罚控制实验

实验二：实验中，把儿童分成三组，首先让儿童看到电影中的成年男子的攻击行为。在影片结束后，第一组，儿童看到成人榜样被表扬，第二组儿童看到成人榜样被批评，第三组儿童看到成人榜样既不受奖也不受罚。然后，把三组儿童都带到一间游戏室，里面有成人榜样攻击过的对象。结果发现，成人榜样受奖组儿童的攻击性最多，成人榜样受罚组儿童的攻击性最少，成人榜样不受奖也不受罚组居中。这说明榜样攻击性行为所导致的后果是儿童自发模仿这种行为的决定因素。

实验三：实验人员以糖果为奖励，让儿童尽量回忆刚才成人是怎么做的，并表现出来。结果发现，三组儿童的攻击性行为几乎一致。这说明榜样行为所导致的后果，只影响到儿童攻击性行为的表现，而对攻击性行为的学习几乎没有影响。只不过儿童看到榜样受罚后会把习得的行为隐藏起来，不敢表现出来。

2. 社会认知理论

班杜拉认为儿童通过观察他们生活中重要人物的行为而习得社会行为，这些观察以心理表象或其他符号表征的形式储存在大脑中，来帮助他们模仿行为。

班杜拉接受了行为主义的大部分原理，但更加注意线索对行为和内在心理过程的作用，强调思想对行为和行为对思想的作用。

他的观点在行为派和认知派之间架起了一座桥梁。社会学习理论，也被称为社会认知理论。

①交互决定观：交互决定观认为个体、环境和行为相互影响，

人的行为是在个人、环境和行为三个因素的相互作用、相互影响下形成的。

②**习得与表现**：强调知识的获得（学习）与基于知识的可观察的表现（行为表现）是两种不同的过程；人所知道的要比所表现出来的多。

③**参与性学习和替代性学习**：参与性学习是通过实际行动并体验行动后果而进行的学习，实际上是从做中学；替代性学习是通过观察别人而进行的学习。

3. 观察学习的基本过程

（1）**注意过程**

注意过程是观察学习的首要阶段，在注意过程中，学习者会注意和知觉榜样情境的各个方面。影响注意的因素有：

①**榜样行为的特性**：显著性、复杂性、普遍性和使用价值等，如"明星"。

②**榜样的特征**：年龄、性别、兴趣爱好、社会背景等方面与观察者越相似的榜样越易被注意，地位高、影响大的人也易受关注。

③**观察者的特点**：观察者本身的信息加工能力、情绪唤醒水平、先前经验等。

（2）**保持过程**

把观察到的榜样信息以表象或言语符号的形式保存下来。（记忆过程）

（3）**动作再现过程**

观察者将头脑中的表象和符号转化为外显行为，观察者需要选择和组织榜样情境中的反应要去，进行模仿和练习。（反馈、调整过程）

（4）**动机过程**

在动机过程中，学习者因表现所观察到的行为而受到激励。动机过程决定所习得的行为中哪一种将被表现出来。

社会学习理论区别获得和表现，学习者并不模仿他们所学的每一件事。观察者对强化的期望影响他们注意榜样行为，激励他们编码和记住可以模仿的、有价值的行为。

动机过程中存在三种强化：

①**直接强化**：也叫外部强化，指外界因素对学习者的行为产生的直接强化。

②**替代强化**：指观察者因看到榜样受强化而受到的强化。替代强化具有情绪唤起的功能。如当教师表扬一个助人为乐的学生时，班里其他学生也更愿意表现出帮助他人的行为。

③自我强化：指观察者依照自己的标准对行为作出判断后而进行的强化。如某位同学为自己设立了成绩标准，他依据自己是否达标，而对自己的行为进行自我奖赏或自我批评。

4. 观察学习理论的应用

（1）教授新行为、技能、态度和情感

①教师要将所期望的行为、技能、态度和情感以明确外显的方式示范出来。

②树立理想的榜样，让学生加以模仿，并对学生的模仿予以强化。同时消除社会环境中的不良榜样行为。

③教师本身良好的情绪控制、倾听和交流习惯等为学生树立榜样，引导学生形成相同的品质。

④教师要充分发挥自我强化的作用，激发学生学习的能动性。

（2）监控学生习得行为的表现

①对于学生的一些受到抑制的良好行为，教师需要利用去抑制效应。

去抑制效应指个体看到榜样因做出自己原来抑制的行为而受到奖励时，加强这种反应的倾向。　　　　　>> TIPS ⑭

②对于学生的一些不良行为，教师需要利用抑制效应。

抑制效应指个体由于看见榜样得到惩罚的结果而引起的反应倾向减弱。　　　　　>> TIPS ⑮

③给学生提供一些提示或者社会线索，利用社会促进效应，促进学生相同的行为。

社会促进效应指学习者因观看榜样行为而引发其行为库中已有的反应。　　　　　>> TIPS ⑯

> **本节小结**
> 本节介绍了学习的联结理论。联结学习理论认为，一切学习都是条件作用，是刺激和反应之间建立直接联结的过程。学习的联结理论主要包括巴甫洛夫的经典性条件作用说、华生对经典条件作用的扩展、桑代克的联结—试误说、斯金纳的操作性条件作用说、班杜拉的社会学习理论。

第二节　学习的认知理论

知识点 1　早期的认知学习理论 ★

1. 格式塔学派的完形－顿悟说

（1）经典实验——"黑猩猩学习实验"

格式塔学派心理学家苛勒曾在1913—1917年间，对黑猩猩的问

TIPS ⑭

例如，有的学生曾经在课上积极主动地向教师提问，但受到了教师的嘲讽，在新的课堂上，当他看到其他同学纷纷主动地向教师提问并受到教师的表扬、同学们的尊敬时，从此就敢于在课堂上积极主动地提问了。

TIPS ⑮

例如，具有校园欺凌行为的学生一旦看到榜样的攻击性行为受到惩罚，相对来说可能会表现出较少的攻击性行为。

TIPS ⑯

例如，教师对学生表示尊敬，使用礼貌敬语，学生就可能受到激励而表现出这些行为。使用"你好""谢谢""对不起"并非学生从教室那里学到的新行为，而是学生早已学会了的，只是教师带头，引发了学生的相同行为。

题解决行为进行了一系列的实验研究，从而提出了与尝试－错误学习理论相对立的完形－顿悟说。苛勒的经典实验主要有两个系列：箱子问题与棒子问题。

①箱子问题

在单箱情境中，将香蕉悬挂于黑猩猩笼子的顶板，使它够不着，但笼中有一箱子可利用。识别箱子与香蕉的关系后，饥饿的黑猩猩将箱子移近香蕉，爬上箱子，摘下香蕉。在更复杂的叠箱情境中，黑猩猩在掌握了箱子之间的重叠及其稳固关系后，也解决了这一较复杂的问题（图3-5）。

图3-5 苛勒的"黑猩猩学习实验"——箱子问题

②棒子问题

棒子问题要求黑猩猩将一根或几根棒子作为工具，用以够到笼外的香蕉。实验者观察发现，黑猩猩出于对香蕉的可望而不可及的问题情境中，在几次用棒子够取香蕉失败后，突然顿悟，将两根棒子连接起来，达到目的。

（2）基本观点　　　　　　　　　　　　　　» TIPS ①

①**学习是通过顿悟过程实现的**。苛勒认为，学习是个体利用本身的智慧与理解力对情境与自身关系的顿悟，而不是动作的累计或盲目的尝试。顿悟是指通过对问题情境的观察，理解它的各个部分的构成及相互关系，分析出制约问题解决的各种条件，从而发现通向目标的途径。

②**学习的实质是在主体内部构造完形**。完形是一种心理结构，是在机能上相互联系和相互作用的整体结构，是对事物关系的认知。苛勒认为，学习过程中问题的解决，都是由于对情境中事物关系的理解而构成一种"完形"来实现的。

③**刺激与反应之间的联系不是直接的，而需以意识为中介**。

（3）评价

①优点：完形－顿悟说肯定了主体的能动作用，强调心理具有一种组织的功能，把学习视为个体主动构造完形的过程，强调观察、

TIPS 1

苛勒的完形－顿悟学习与桑代克的尝试－错误学习并不是互相排斥和绝对对立的。尝试－错误往往是顿悟的前奏，顿悟则是练习到某种程度时出现的结果。一般来说，简单的、主体已有经验可循的问题解决，往往不需要进行反复的尝试－错误，而对于复杂的、创造性的问题解决，大多需要经过尝试－错误的过程，方能产生顿悟。

顿悟和理解等认知功能在学习中的重要作用。这对反对当时行为主义的机械性和片面性具有重要意义，对于当前创造科学的学习理论体系也有重要的参考价值。

②缺点：他们否认"尝试—错误"的学习形式，过分夸大顿悟学习的作用与意义，不符合学习的实际。

2. 托尔曼的认知 – 目的说 / 符号学习理论

（1）经典实验——奖励预期实验、位置学习实验、潜伏学习实验

①**奖励预期实验**　　　　　　　　　　　　　　　　　》》TIPS ②

训练两组白鼠走迷津，甲组白鼠到达目的箱后得到葵花籽，乙组白鼠得到麦芽糖。结果乙组白鼠跑得比甲组更快（说明麦芽糖比葵花籽更受欢迎，强化效果更好）。

训练十天后，实验者把两组白鼠的食物进行对换，即甲组到达目的箱后获得的是麦芽糖，而乙组获得的是葵花籽。结果与十天前的情况完全相反，表现出一种明显的对比效应，即"先前吃得好、现在吃得差"的乙组比原来跑得更慢了，而"先前吃得差、现在吃得好"的甲组比原来跑得更快了（如图3-6所示）。

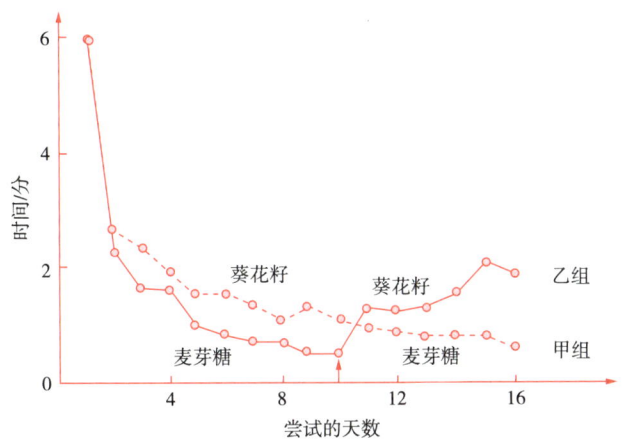

图3-6　托尔曼的奖励预期实验

由此，托尔曼认为，在有机体的预期没有实现的情况下，即实际奖励物不如预期奖励物时，不仅不能提高原有的行为水平，还会降低原有的行为水平。可见，**有机体对特定目标具有某种预期**。

②**位置学习实验**

制作一个迷宫，迷宫中有食物箱，从起点到达食物箱有三条通道，通道1距离最短，通道2次之，通道3距离最长（如图3-7所示）。

实验前先让白鼠熟悉三条通向食

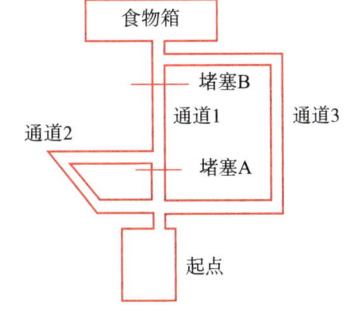

图3-7　托尔曼的位置学习实验

TIPS ②

托尔曼主张的"个体行为由期待决定"这一观点亦被廷克波（1928年）所证实。廷克波以猴子为实验被试，训练其完成一项辨别任务。

首先，实验者当着猴子的面把它们喜欢吃的香蕉用带有盖子的两个容器中的一个盖住，然后用一块木板挡住猴子的视线。一段时间后，再要求猴子在两个容器中进行选择。结果发现，猴子具有十分良好的辨别能力，能够准确地在装有香蕉的容器中取得食物。然后，实验者当着猴子的面用一个容器把香蕉盖住，之后又在挡板后面将香蕉取出，换为猴子不喜欢吃的莴苣叶子，并要求猴子取食。结果发现，当猴子再次想从原来的容器中取食香蕉但实际发现是莴苣叶子时，猴子显露出惊讶的表情，似乎有"大吃一惊"的挫折感，它拒食莴苣叶子，并向四周环顾搜索，好像在寻找预期中的香蕉。当寻找失败后，猴子感到非常沮丧，对着实验者高声尖叫，大发脾气，并拒绝取食。因此，托尔曼认为有机体的行为不受行为的直接结果支配，而是受其对行为结果的预期支配；学习乃期待的获得，而非习惯的形成。在多次尝试中，有的预期被证实，有的未被证实，预期的证实是内在强化，即由学习活动本身所带来的强化。

物箱的通道。实验开始时，三条通道都畅通，白鼠会选择第1条通道（距离最短的）。

在进一步的实验中，托尔曼在A处堵塞，白鼠首先选择通道1去获取食物，发现堵塞时，白鼠迅速从通道1返回，然后选择通道2，这表明白鼠在情境中学习到了通道1和2的关系；随后，当在B处堵塞时，白鼠首先选择通道1，发现B处堵塞，迅速返回，并没有选择通道2，而是直接选择通道3，这表明白鼠在情境中学习到了三条通道之间的相对关系。

由此，托尔曼认为，白鼠走迷宫时习得的不是简单、机械的反应，而是把迷宫通道的特征（方向、距离、空间关系等）作为符号标志，学习其实就是习得达到目的的符号及其所代表的意义，建立一个完整的"符号–完形"模式，即"认知地图"。认知地图是关于某一局部环境的综合表象，它不仅包括事件的简单顺序，而且包括方向、距离，甚至时间关系等。　　　　　　　　≫ TIPS ③

③潜伏学习实验

托尔曼将白鼠分为三组，训练白鼠走出一个复杂的迷宫。

A组白鼠到达迷宫终点时不给食物奖励（无奖励组）；B组白鼠到达迷宫终点时给食物奖励（奖励组）；C组白鼠在开始10天不给食物奖励，第11天才开始给食物奖励（中途奖励组）。A、B为控制组，C为实验组。

结果发现，前10天B组犯错误的次数要明显少于A组，而C组与A组犯错误的次数差不多。从第11天开始，C组获得食物奖励，其学习效果明显提升，甚至超过了B组（如图3-8所示）。

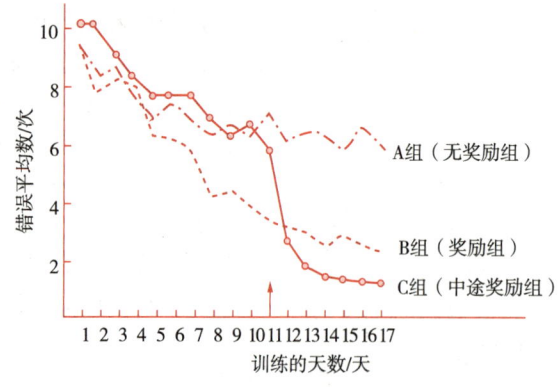

图3-8　托尔曼的潜伏学习实验

为什么中途奖励组的错误平均数在得到食物强化后，会明显少于奖励组呢？

托尔曼认为，该组白鼠在前10天的练习中虽然没有获得食物（强化物），但在每次练习中同样对迷宫进行了探索，同样进行了学

> **TIPS ③**
>
> "认知地图"其实就是在过去经验的基础上，产生于头脑中的，类似于一张现场地图的模型。比如你脑海中储存了从你家去商场的认知地图，所以一出门，就知道该往哪走，能到达目的地。

习，形成了关于迷宫的"认知地图"，只不过未在外部行为中表现而已。托尔曼把这种现象称为**"潜伏学习"**。 >> TIPS ④

（2）基本观点

①**学习是有目的的行为，而不是盲目的，是期望的获得**。期望是个体依据已有经验建立的一种内部准备状态，是通过学习而形成的关于目标的认识和期待。期望是托尔曼学习理论的核心概念。

②**学习是对"完形"的认知，是形成"认知地图"的过程**。学习是有目的的行为，学习的过程是有机体在达到目的的过程中，根据头脑中的预期不断进行尝试，形成对周围环境的认知，最终**建立"目标－对象－手段"三者相联系的认知地图的过程**。因此，学习的最终结果是在对环境综合认知的基础上形成的"认知地图"。

③在外部刺激（S）和行为反应（R）之间存在中介变量（O），即 **S-O-R**，O 代表机体的内部变化。

④外在的强化并不是学习产生的必要因素，不强化也会出现学习，即**"潜伏学习"**。

知识点 2 布鲁纳的认知－发现说/认知－结构教学论 ★★★

布鲁纳认为，学习的目的在于以**发现学习**的方式，使学科的基本结构转变为学习者头脑中的认知结构。

1. 认知表征理论

布鲁纳认为，人类的智慧生长（认知发展）经历了三个表征系统阶段。

（1）动作表征

相当于**皮亚杰的感知运动阶段**，在这个阶段儿童通过作用于事物来学习和再现它们，以后能通过合适的动作反应再现过去的事物。

（2）映象表征

相当于**皮亚杰的前运算阶段早期**，儿童开始形成图像或表象，去表现在他们的世界中所发生的事情。

（3）符号表征

相当于**皮亚杰的前运算阶段后期**以及以后的阶段。这时儿童能够通过符号再现他们的世界，最重要的符号是语言。

2. 认知学习观

（1）学习的实质是主动地形成认知结构 >> TIPS ⑤

①**认知结构**是人关于现实世界的内在的**编码系统**，是一系列相互关联的、非具体性的类目，它是人用以感知外界的分类模式，是

TIPS ④

"潜伏学习"是指在没有强化的条件下学习也会发生，只不过结果不太明显，是"潜伏"着的。一旦有机体受到强化，具备了操作的动机，学习结果才会明显表现出来。潜伏学习实验也说明了，外在的强化并不是学习产生的必要因素，没有强化也会出现学习，也就是说，"强化"并非学习的必要条件。

TIPS ⑤

认知结构就是各种信息在头脑中的表征方式，布鲁纳认为学习者的认知结构就是由动作表征、映像表征和符号表征这三种表征系统构成的，正是因为有三种表征系统的存在，人不仅可以接受信息，而且可以超越给定信息。

新信息借以加工的依据，也是人的推理活动的参照框架。

②学习者主动获取知识，并通过把新获得的知识和已有的认知结构联系起来，积极地建构其知识体系。

（2）学习包括获得、转化和评价三个过程

①**获得**：学习活动首先获得的是新知识。布鲁纳认为新知识可能是原有知识的精确化，也可能与原有知识相违背。

②**转化**：学习者在获得新知识后，运用各种方法将其变成另外的形式以适合新任务，并获得更多知识。

③**评价**：对知识的转化进行检查。通过评价可以核对我们处理知识的方法是否适合新的任务，或者运用得是否正确。因此，评价通常指对知识的合理性进行判断。

3. 结构教学观

（1）教学的目标在于理解学科的基本结构

与认知结构相联系，结构教学观强调**学科结构**的重要性，认为学习一门学科的关键是理解、掌握那些核心的、基本的概念、原理、态度和方法，抓住它们之间的意义联系，并将其他的知识点与这些结构逻辑联系起来，形成一个有联系的整体。

（2）掌握学科基本结构的教学原则

①**动机原则**：**内部动机是维持学习的基本动力**。学习者的内部动机又分为好奇内驱力（求知欲望）、胜任内驱力（成功欲望）、互惠内驱力（人与人之间和睦共处的需要），这三种内驱力具有自我奖励的作用，其效应是持久的。

②**结构原则**：任何知识结构都可以用**动作、图像和符号**三种表征形式来呈现知识结构。动作表征是凭借动作进行学习的，无须语言的帮助；图像表征是借助表象进行学习的，以感知材料为基础；符号表征是借助语言进行学习的，经验一旦转化为语言，逻辑推导便能进行。教师应根据学习者的年龄、知识背景和学科性质选择最佳的知识结构表征方式。

③**程序原则**：教学就是引导学习者有条不紊地陈述一个问题或大量知识的结构，以提高学习者对所学知识的掌握、转换和迁移能力。应根据过去所学的知识、智力发展的阶段、材料的性质及个别的差异决定教学的程序。

④**强化原则**：适时地给予学习者反馈，强化学习者的学习。

4. 发现学习

（1）发现学习的含义

①发现学习是让学习者独立思考，提出假设，进行验证，**自己发现要学习的概念规则等知识**。

> 认知结构是存在于学习者个体的心理结构，而知识结构是存在于客观存在的学习内容的结构。布鲁纳认为，任何一门学科都有一个客观存在的基本结构，教师应该采取有效措施帮助学生，使学科的知识结构转化为学生的认知结构，使书本上的死的知识变为学生头脑中的活的知识。

②在新学过程中，学习者应是一个积极的探究者，教师的作用不是为学习者提供现成的答案，而是为学习者提供能够独立探究的教学情境。

（2）发现学习的基本过程

①**提出问题**：教师创设问题情境，使学习者在这种情境中发现其中的矛盾，提出问题。

②**做出假设**：教师促使学习者利用提供的某些材料，针对所提出的问题，提供解答的假设。

③**验证假设**：学习者用理论或者通过实验数据检验自己的假设。

④**形成结论**：学习者根据实验获得的一些材料或结果，在仔细评价的基础上引出结论。

（3）发现学习的作用

①**提高智力的潜力**。学习者自己提出解决问题的探索模型，学习如何对信息进行转换和组织，使他能超越这一信息。

②**使外部奖励向内部动机转移**。通过发现例子之间的关系而学习一个概念或原则，比起给予学习者这一概念或原则的分析性描述来，更能让学生从学习过程中得到较大的满足。

③**学会将来进行发现的最优方法和策略**。如果某人具有有效发现过程的实践，他就能最好地学到如何去发现新的信息。

④**帮助信息的保持和检索**。按照一个人自己的兴趣和认知结构组织起来的材料就是最有希望在记忆中"自由出入"的材料。

（4）发现学习的优点与局限性

发现学习强调学习者学习的主动性，强调学习的认知过程，重视认知结构的形成，注重学习者的知识结构、内在动机、独立性与积极性在学习中的作用，有利于激发学习者的探究欲望，有利于培养学习者分析问题、解决问题的能力。但是，发现学习也有其局限性：

①从**学习主体**来看，真正能够用发现学习的只是极少数学习者。

②从**学科领域**来看，发现学习只适合自然科学某些知识的教学，对于文学、艺术等以情感为基础的学科并不完全适用。

③从**执教人员**来看，发现学习教学没有现成方案，过于灵活，对教师的知识素养和教学机智、技巧、耐心等要求很高，一般教师很难掌握，反而容易弄巧成拙。

④从**效率**上看，发现学习耗时过多，不经济，不适合于在短时间内向学习者传授一定数量的知识和技能的集体教学活动。

知识点 3　奥苏伯尔的有意义接受说 ★★★

奥苏伯尔根据学习者所得经验的来源（即学习的形式）把学习

分为接受学习和发现学习,又根据学习材料与学习者原有知识结构的关系(即学习的性质)把学习分为机械学习和有意义学习,并认为学习者的学习主要是**有意义的接受学习**。

1. 有意义学习

(1) 有意义学习的实质　　　　　　　　　　　>> TIPS ⑦

有意义学习的实质是将符号所代表的新知识与学习者认知结构中已有的适当观念建立**非人为的**(非任意的)和**实质性的**(非字面的)联系。

①**实质性联系**指新的符号或观念与学习者认知结构中已有的表象、已经有意义的符号、概念或命题的联系;是一种非字面的联系。

②**非任意的联系**指新知识与认知结构中有关观念存在某种合理的或逻辑上的联系。

(2) 有意义学习的条件　　　　　　　　　　　>> TIPS ⑧

①有意义学习的材料必须具有**逻辑意**义,即材料本身在人的学习能力范围而且与认知结构中有关知识能建立非人为性和实质性联系的要求。

②学习者必须具有积极主动地将符号所代表的新知识与认知结构中的适当知识加以联系的**倾向性**。

③学习者认知结构中必须具有**适当的知识**,以便与新知识进行联系。

④学习者必须**积极主动**地使这种具有潜在意义的新知识与认知结构中的有关旧知识发生相互作用,使认知结构或旧知识得到改善,使新知识获得实际意义即心理意义。

(3) 有意义学习的类型

①**表征学习**:学习单个符号或一组符号的意义,或者说学习它们代表什么。

②**概念学习**:掌握同类事物共同的关键特征的学习。

③**命题学习**:掌握概念或事物之间的关系的学习。命题分为两类:非概括性命题和概括性命题。前者表示两个以上的特殊事物之间的关系,后者表示若干概念之间的关系。

2. 认知同化理论

(1) 含义

奥苏伯尔认为,当学生把教学内容与认知结构联系起来时,有意义学习就发生了。

认知结构指学习者头脑内部的知识结构,涉及学习者现有知识的数量、清晰度和组织结构,包括学习者当下能回想出的事实、概念、命题、理论等。

TIPS ⑦

①非人为的联系:指有内在联系而不是任意的联想或联系,指新知识与原有认知结构中有关的观念**建立在某种合理的或逻辑的基础上的联系**。例如,学习者原有认知结构中已有"三角形内角之和等于180°",现在学习新命题"四边形内角之和等于360°",他们可以推导出任何四边形都可以分成两个三角形,三角形内角之和等于180°,那么四边形内角之和当然为360°。这种联系是整体与部分的联系。

②实质性的联系:指**非字面上的联系**,即新知识与原有认知结构中的有关观念用的表达词语可能不同,但二者是等值的。例如,学习"等边三角形"这个新命题,应该掌握"三条边相等的三角形"这个知识点。学习者认知结构中已有关于三角形的表象及等边的概念,学习者也观察过等边三角形构成的实物或图形,当他们学习这一新命题时,他们很自然地将这一新命题与他们原有认知结构中相应的表象、观念建立起联系。联系一旦建立,他们就能用自己的话把这一新命题表述出来,"任何三角形只要它们的三条边相等,它们就是等边三角形",或"等边三角形有三条相等的边"。

③与有意义学习相对的是**机械学习**。机械学习指学习者并未理解符号所代表的含义,只是依据字面上的联系,记住某些符号的词句或组合,是一种死记硬背式的学习。例如,学习无意义音节。

（2）影响因素

奥苏伯尔分析了认知结构的不同特征对知识理解及其保持的影响。

①固着观念：认知结构中对新知识起固定作用的适当观念。

②可辨别性：新材料与原有观念之间的区别的程度。

③清晰稳定性：认知结构中的固着观念是否清晰、稳定。

（3）认知同化过程

认知同化理论认为，有意义学习是通过新信息与学习者认知结构中已有的有关观念相互作用而发生的，这种相互作用导致了新旧知识有意义的同化。

根据新旧观念的概括水平及其联系方式的不同，奥苏伯尔提出了三种同化方式。

①下位学习：又称类属学习，将概括程度或包容范围较低的新概念或命题，归属到认知结构中原有的概括程度或包容范围较广的适当概念或命题之下，从而获得新概念或新命题的意义。下位关系有以下两种形式。一是派生类属学习：新内容可由已有内容直接派生，或仅仅是已有的、包摄性较广的命题的一个例证（如图3-9所示）。二是相关类属学习：新内容扩展、修正或限定已有的命题，使其精确化（如图3-10所示）。

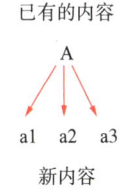

图 3-9 派生类属学习

注：在派生的下位关系中，新知识a1、a2、a3是与上位概念A相联系的，a1、a2、a3是A的另一个事例，或进一步扩充。A这一概念的关键属性没有改变，但新的例子与它有关。

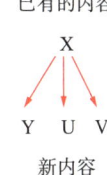

图 3-10 相关类属学习

注：在相关的下位关系中，新知识Y、U、V不仅与上位概念X相联系，而且是X的扩展、修正或限定。上位概念的关键属性可能因新的相关下位而得到扩充或修饰。

②上位学习：又称总括学习，新概念、新命题具有较广的包容面或较高的概括水平，将一系列已有观念包含于其下而获得意义。（如图3-11所示）。

③组合学习：又称并列学习，新旧知识既无上位关系，又无下位关系，这时发生的学习就是组合学习。（如图3-12所示）。

第①点是外部条件，是一种客观条件；第②~④点是内部条件，是一种主观条件。

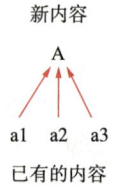

图 3-11 总括学习

注：在上位关系中，已有概念 a1、a2、a3 被认为是新概念 A 的具体事例，因此也是与 A 相联系的。上位概念 A 是根据一组新的、能包摄这些下位概念的关键属性来下定义的。

图 3-12 组合学习

注：在并列组合学习中，新概念 A 是与已有概念 B、C、D 相联系的，但 A 并不比 B、C、D 的包摄性更广些，或更具体些。在这种情况下，新概念 A 具备某些与这些已有概念共同的关键属性。

3. 接受学习

（1）接受学习的含义

接受学习是在教师的引导下，学习者接受事物意义的学习。接受学习的内容基本上是以定论的形式讲授给学生的，有时也称为**讲授教学**。

（2）接受学习的特点和性质

①**师生之间要有大量互动**。接受学习虽然以教师讲授为主，但在课上始终要求学习者做出反应和想法，时刻抓住学习者的注意。

②**大量利用例证**。接受学习虽然注重有意义的言语学习，但例证包括图解或图画。

③**接受学习是演绎的**，最一般的概念最早呈现，然后从中引出特殊的概念。

④**接受学习是有序列的**，材料的呈现有一定步骤，首先是先行组织者。

（3）讲授教学的原则

①**逐渐分化原则**：首先传授最一般的、概括程度最广的概念，然后根据具体细节对它们逐渐加以分化。

②**整合协调原则**：要求学习者对认知结构中现有要素重新加以组合。

③**序列组织原则**：强调前面出现的知识应为后面出现的知识提供基础。

④**巩固原则**：在学习新内容之前必须掌握刚学过的内容，确保学习者为新的学习做好准备，为新学习的成功奠定基础。

（4）先行组织者

①含义：先行组织者策略是先于学习任务本身呈现的一种引导性材料，它要比学习任务本身具有**更高的抽象、概括和综合水平**，并且能清晰地与认知结构中原有的观念和新的学习任务关联。

②其目的是为新的学习任务提供观念上的固着点，增加新旧知识之间的可辨别性，以促进类属的学习。教师通过呈现"组织者"，给学习者已知的东西与需要知道的东西之间架设一道知识之桥，使他更有效地学习新材料。

③作用：把学习者的注意引向即将学习的材料中最重要的内容；集中概括即将呈现的概念之间的关系；提示学习者已有知识和即将遇到的新材料之间的关系。

④分类：组织者可分为两类。一类是陈述性的组织者，旨在为新的知识提供最适当的类属者，与新的知识产生一种上位关系；另一类是比较性组织者，用于比较熟悉的学习材料，旨在比较新材料与已有认知结构中相类似的材料，从而增强新旧知识之间的可辨别性。

4. 评价

（1）优点

①接受学习突出了学生的认知结构和有意义地学习在知识获得中的主要作用，使学生在知识的获得中更注意使用方法，注重认知结构，而不是死记硬背、机械学习。

②奥苏伯尔澄清了长期以来人们对传统讲授教学和接受学习的偏见，以及对发现学习、接受学习、有意义学习和机械学习的混淆。

③奥苏伯尔对有意义学习的实质、条件、类型、机制都做了精细的分析，使人们对有意义的接受学习有了更深入的了解，从而可以更好地运用到教学实践中。

④奥苏伯尔提出的先行组织者对改进教学设计，提高教学效果有重要的实用价值。

（2）缺点

奥苏伯尔偏重对知识的掌握，忽视了创造性的培养，过于强调接受学习，没有给予发现学习应有的重视。

知识点 4　发现学习与接受学习的对比 ★★

1. 相同点

二者都重视学生学习的主动性，都强调新知识的学习对已有知识的依赖性，都强调认知结构对学习新知识的重要性，以及认知结构的可变性。

2. 不同点

①在教学组织模式上：发现学习反对教师在教学中的系统讲解，主张学生自行发现其中的道理，而接受学习则认为，讲解式教学应

该是教学的主要模式。

②在学习的过程上：发现学习，强调归纳过程，让学生由特殊发现一般；接受学习，强调演绎过程，让学生的理解从一般到特殊。

③对发现学习的解释不同：布鲁纳认为只有发现学习是有意义的，接受学习是机械的；奥苏泊尔认为接受学习和发现学习都既可能是有意义的，也可能是机械的。

发现学习与接受学习的对比，见表3-4。　　» TIPS ⑨

表3-4　发现学习 VS 接受学习

异同		发现学习	接受学习
不同点	提出者	布鲁纳	奥苏伯尔
	学习条件	呈现问题、线索、例证	呈现学习内容
	情境任务	从问题出发探索新知识	从书本出发领会含义
	教学模式	认知策略的创造发现	智慧素质的信息加工
	思维类型	以直觉思维为主	以分析思维为过程
	推理方式	归纳推理	演绎推理
	认知程序	探索—发现—归纳—迁移	感知—理解—巩固—应用
	学习结果	创造性解决问题	高效率获得知识
	发展的智力类型	流体智力	晶体智力

知识点 5　加涅的信息加工学习理论 ★

加涅是一名折中主义心理学家，属于"联结–认知主义学派"。他将行为主义学习理论与认知主义学习理论结合在一起，建立起综合的学习理论。现代学习理论由于受信息加工理论的影响，越来越多的人接受了计算机模拟的思想，把学习过程类比为计算机的加工过程。

1. 学习的信息加工模式

学习的信息加工模式由三大系统构成，即信息加工系统、执行控制系统和期望系统（如图3-13所示）。

（1）信息的三级加工系统

信息加工系统从外界接收和采集信息，进行识别编码和保存，在有需要时，将信息从长时记忆中提取出来，加以应用。具体过程如下。
　　» TIPS ⑩

①第一级：瞬时记忆。来自环境中的刺激首先到达我们的各种感觉器官（或感受器），并通过感觉登记进入神经系统。这一阶段被称为感觉记忆或瞬时记忆，最初的刺激以映像的形式保持在感觉登记器中，保留0.25~2秒。

②第二级：短时记忆。被感觉登记的信息很快就会进入短时记

TIPS ⑨

布鲁纳的发现学习强调学习者用自己的头脑亲自获得知识；奥苏伯尔的接受学习强调充分利用学习者原有的认知结构的同化作用。事实上，学习者发现新知识，不是建立在空中楼阁之上的，而是以认知结构中原有的适当知识作为基础；学习者同化新知识，也不是消极被动地接受教师所传授的知识，而是通过自己头脑积极主动地反应实现的。所以，发现学习和接受学习虽然强调的侧重点不同，但都特别重视学生认知结构的作用，重视学习者认知结构的构建。

这里大家可以结合《普通心理学》当中的记忆进行理解学习。

忆，这种信息主要是视觉的或听觉的。在短时记忆中信息保持的时间一般在 2.5~20 秒，由于短时记忆容量有限，一般只能贮存 7±2 个信息组块，新信息的进入会挤走原有的信息，因此，要想使信息得到保持，就需要采用复述策略。

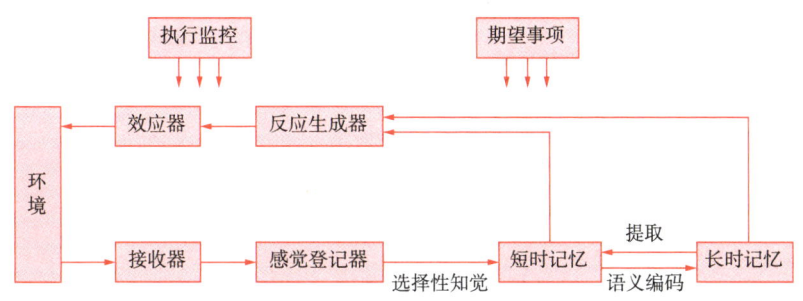

图 3-13　学习的信息加工模式

③第三级：长时记忆。经过复述、精细加工和组织等编码，信息就能够转移到长时记忆中进行储存。长时记忆被认为是一个永久性的信息贮存库，其信息的容量也非常大。信息进入长时记忆后，发生了关键性的转变，即信息经过了编码的过程。

④信息的提取与应用。使用信息时，我们就会到长时记忆中去搜寻，这一过程被称为提取。提取的关键是检索，从短时记忆进入长时记忆的信息有可能被检索出来回到短时记忆，这时的记忆又被称为工作记忆。这些信息通过反应发生器，使效应器（肌肉）活动起来，产生影响学习者环境的操作行为。

（2）期望事项和执行控制

人除了对接收的信息进行各种内部加工以外，期望和对加工过程的控制都会影响到信息加工的过程和结果。

①期望事项：指动机系统对学习过程的影响。正因为学生对学习有某种期望，他才能够对信息进行深入加工，才能够进行学习，来自教师的各种反馈才具有强化作用，而反馈又进一步肯定和增强了学生的期望。

②执行控制：指已有经验对现在学习过程的影响。主要是在信息加工过程中决定哪些信息从感觉记忆进入短时记忆、如何通过复述使信息进入长时记忆、如何对信息进行编码、采用何种信息提取的策略等，相当于加涅所说的认知策略。

2. 学习阶段及教学设计

加涅认为学习的过程就是一个信息加工的过程，学习是学习者与环境之间相互作用的结果。

加涅把学习过程分为八个阶段，根据这些阶段进行相应的教学设计，安排相应的教学事件。

（1）动机阶段

有效地学习必须有学习动机，这是整个学习的开始阶段。教学要引起学生的兴趣，以激发学生的学习动机，使之产生学习的期望。

（2）领会阶段

学生的主要心理活动是注意（选择性知觉）。因此，教师应该采取各种手段来引起学生的注意，以便使学生把注意力集中在与学习目标有关的刺激上。

教学的目的就是要让学生有效地进行选择性知觉，也就是注意到该注意的学习内容。教师可以采用各种手段，如改变讲话的声调、运用手势动作等来达到这一目的。

（3）习得阶段

当学生注意或知觉外部情境之后，就可以获得知识。而习得阶段涉及的是对新获得的刺激进行直接编码后将其贮存在短时记忆里，然后对它们进行再进一步编码加工后转入长时记忆中。

此时，教师的主要任务就是给学生提供各种编码程序，鼓励学生选择最佳的编码方式。

（4）保持阶段

学生习得的信息经过复述、强化后，以语义编码的形式进入长时记忆的贮存阶段。

（5）回忆阶段

学生习得的信息要通过作业表现出来，信息的提取是其中必需的一环。

教师可以利用各种方式使学生得到提取线索，但最重要的是指导学生，使他们为自己提供线索，从而成为独立的学习者。

（6）概括阶段

学习过程必然有一个概括的阶段，也就是学习迁移的问题。

为了促进学习的迁移，教师必须让学生在不同的情境中学习，并提供在不同情境中运用提取过程的机会；同时，更为重要的是，教师要引导学生掌握和概括其中的原理。

（7）作业阶段

即反应生成阶段。只有通过作业才能反映学生是否已习得了所学的内容。

作业的一个重要功能是反馈；同时，通过作业学生看到自己学习的结果，可以获得一种满足。

（8）反馈阶段

学生通过作业的完成可以了解到自己的学习是否达到了预期目标。

这时教师应给予适当的反馈，让学生及时知道自己学习的结果，这样可以强化他们的学习动机。学习的八个阶段如表3-5所示。

表3-5 学习的八个阶段

学习阶段	内部过程	构成教学的外部事件
1.动机阶段	期望	激发动机、告知目标
2.领会阶段	编码：选择性知觉	指导注意
3.习得阶段	编码：存储登记	刺激回忆、提供学习指导
4.保持阶段	记忆存储	增强保持
5.回忆阶段	提取	
6.概括阶段	迁移	促进学习迁移
7.作业阶段	反应	布置作业
8.反馈阶段	强化	提供反馈

本节小结

本节介绍了学习的认知理论，以认知心理学诞生为分界点，认知心理学诞生之前为早期的认知学习理论，包括格式塔学派的完形-顿悟说、托尔曼的认知-目的说。前者反对桑代克的尝试-错误学习理论，认为学习的本质是认知重组后的顿悟；后者通过奖励预期实验、位置学习实验和潜伏学习实验三大经典实验证实，学习是一种有目的的行为，是在头脑中形成"认知地图"。

布鲁纳的认知-发现说、奥苏伯尔的有意义接受说和加涅的信息加工学习理论是在认知心理学诞生之后出现的。布鲁纳的认知-发现说强调学习的主动性，主张学习者通过自己发现知识；奥苏伯尔的意义接受说重视新知识与学习者认知结构中已有知识之间的意义性联系；加涅的信息加工学习理论则将学习过程类比于信息加工过程（编码—存储—提取—……），提出学习由三大系统构成：信息加工系统、执行控制系统和期望系统。

第三节 学习的建构理论

知识点 1 建构主义的思想渊源与理论取向 ★

建构主义（constructivism）又称结构主义。建构主义主张世界是客观存在的，但对事物的理解却由个体自己决定，个体**以原有经验为基础**来建构自己对新事物的理解和解释。

1.思想渊源

①**皮亚杰**对建构主义进行了系统而经典的阐述。皮亚杰明确指出，认识既不起源于先天遗传，也不起源于后天经验，而是起源于

TIPS 1

①认知派理论发展的方向之一是认知主义，即信息加工论，将人脑比作电脑，探讨人对信息加工的过程。而另一方面的建构主义，认为人类的学习是经验的充足，认知结构的获得和建构过程。

②早期，行为主义在学习理论中占有很强大的地位。行为主义是以客观主义的哲学传统为基础的，把机体和意义看成存在于个体之外的东西，是完全由客观事物决定的，而学习是把外在的东西迁移到学习者身上。

③认知派的信息加工理论改变了行为主义完全依据外部过程的做法，他们把研究的核心放到了认知活动的信息加工过程上，有人的主动选择、编码和存储等。信息加工理论还是认为信息或知识是事先以某种先在的形式存在的，个体只有接受它才能对它进行加工。信息加工理论没有看到新、旧经验，客观世界与主观世界的反复的、双向的交互作用过程。

④由认知学习发展出来的建构主义与客观相对立。建构主义认为，意义不是独立于学习者存在的，个体的知识是人自己建构起来的，人对事物的理解不是简单由事物本身决定的，人以原有经验为基础来构建自己对新事物的解释和理解。

联系主体、客体相互作用的动作（活动）。

②**杜威的经验性学习理论**认为教育必须建立在经验的基础上，教育就是经验的发展和改造，是在经验中、由于经验和为着经验的一种发展过程，学习者从经验中产生问题，而问题又可以激发他们去探索知识，产生新观念。

③**维果茨基的文化历史发展理论**认为，个体的学习是在一定的历史社会文化背景下进行的，社会可以为个体的学习发展起到重要的支持和促进作用。

④**布鲁纳的发现学习**以及认知心理学中的**图式理论、新手－专家研究**等都对当今的建构主义有重要的影响。

2. 理论取向

建构主义本身并不是一种学习理论流派，而是一种理论思潮，并且目前正处于发展过程中，尚未达成一致意见，存在着不同的取向。

教育中的建构主义主要有个人建构主义和社会建构主义两种取向。

（1）个人建构主义（认知建构主义）

个人建构主义强调**个人自身在**个人知识建构中的创造作用，包括**皮亚杰的发生认识论**、冯·格拉瑟斯菲尔德的激进建构主义、维特罗克的生成学习理论、斯皮罗的认知灵活性理论。

（2）社会建构主义

强调**社会相互作用、文化**在个人知识建构中的重要作用，主包括**维果茨基的文化历史论**、社会建构主义、社会文化取向和情境性认知等。

知识点 2 建构主义学习理论的基本观点 ★★★

1. 知识观

建构主义者在一定程度上质疑知识的客观性和确定性，强调知识的动态性。具体体现在以下三个方面：

①知识**不是对现实的准确表征**，它只是一种解释、一种假设。知识不是问题的最终答案，它会随着人类的进步而不断得到改造。

>> TIPS ②

例如"地心说"被"日心说"取代。

②知识并**不能精确地概括世界的法则**，不能直接用，而是需要针对具体情境进行再创造。

>> TIPS ③

例如中国人喜欢劝酒，认为劝酒是热情好客的表现，但是对于外国人而言，硬逼着喝酒会让他们感觉很不愉快。

③知识不可能以实体的形式存在于具体个体之外，尽管我们通过语言符号赋予了知识一定的外在形式，甚至这些命题还得到了较普遍的认可，但这并不意味着学习者会对这些命题有同样的理解。因为这些理解是由个体**基于自己的经验背景而建构起来**的，取决于特定情境下的学习历程。

>> TIPS ④

例如，同样看到"月亮"，诗人想到的可能是"月有阴晴圆缺"，恋人想到的可能是"花前月下"的浪漫，天文学家想到的则有可能是第二天的天气状况。

2. 学生观

建构主义强调**学生经验世界的丰富性和差异性**。

①学习者并不是空着脑袋走进教室的。在以往的生活和学习中，他们已经有了丰富的经验。教学不能无视学习者的先前经验，而是要以学习者为主体，以学生现有的知识经验为基础，引导学生从已有经验中"**生长**"出新的知识经验。

②要增加学习者之间的**合作**，使学生看到那些与他不同的观点，从而促进学习的进行。

3. 学习观

建构主义认为，学习是学习者主动地赋予信息意义，建构自己的知识经验的过程，即通过新经验与原有知识经验的相互作用，来充实、丰富和改造自己的知识经验。学习者的这种知识建构过程具有三个重要特征。

（1）**主动建构性**

学习知识不是由教师向学生的传递，而是学习者自己建构知识的过程；学习者不是被动的信息接收者，而是信息意义的**主动建构者**。

面对新信息、新概念和新命题，每个学生都在以自己原有的知识经验为基础建构自己的理解。

（2）**社会互动性**

学习是通过某种**社会文化的参与而内化**相关的知识和技能、掌握有关的工具的过程，这一过程常常需要通过学习共同体的合作互动来完成。 ≫ TIPS ⑤

学习共同体指由学习者及其助学者共同构成的团体，他们彼此之间经常在学习过程中进行沟通交流，分享各种学习资源，共同完成一定的学习任务，因而在成员之间形成了相互影响、相互促进的人际关系，形成了一定的规范和文化。

（3）**情境性** ≫ TIPS ⑥

情境总是具体的、千变万化的，知识是不可能脱离活动情境而抽象地存在的，学习应该与情境化的**社会实践活动**结合起来。

知识只有通过实际应用活动才能真正被人理解，它不是一套独立于情境的知识符号，是存在于具体的、情境的、可感知的活动之中的。

4. 教学观

①教学不是传递客观而确定的现成知识，而是**激活**学生原有的相关知识经验，促进学习者的知识建构，以实现知识经验的重新组织、转换和改造。

②教学要为学习者**创设理想的学习情境**，激发学习者的推理、分析、鉴别等高级的思维，同时为学习者提供丰富的信息资源、处

例如，自己阅读课文，只是形成对字面意思的理解，通过与教师和同学的交流和讨论，形成对课文的全面的、深刻的理解。

即"学以致用"。

理信息的工具以及适当的帮助和支持，促进他们建构自身意义。

综上，建构主义认为知识是动态的，学习者是具有丰富性和差异性的经验世界，学习具有主动建构性、社会互动性和情境性。学习的建构性决定了学生学习的主体性。

知识点 3　认知建构主义学习理论与应用★★

1. 认知建构主义学习理论概述

①认知建构主义关注学习者个体层面上的知识建构机制，它解决的是**个体如何建构**某种认知方面（知识理解、思维技能）或者情感方面（信念态度、自我概念）的素质。

②其基本观点是认为学习是一个意义建构的过程，是一个通过新旧经验的相互作用而形成、丰富和调整自己认知结构的过程。就其实质而言，意义建构是同化和顺应统一的结果。换言之，认知建构主义强调**意义的双向建构**过程。

③这个观点在**皮亚杰**的思想基础上发展，与布鲁纳和奥苏伯尔的理论有很大的关联。

2. 三种典型的认知建构主义学习理论

（1）冯·格拉塞斯菲尔德的激进建构主义

①知识不是通过感觉或交流而被个体被动地接受的，而是由认知主体主动地建构起来的，建构是通过新旧经验的相互作用实现的。

②认知的机能是**适应自己的经验世界**，帮助组织自己的经验世界，而不是去发现本体论意义上的现实。

（2）维特罗克的生成学习理论　　　　　　　》TIPS ⑦

①学习是学习者**生成信息的意义的过程**，意义的生成是通过原有的认知结构与从环境中接收的感觉信息的相互作用来实现的（即意义建构过程）。

②学习的发生**依赖于学习者已有的相关经验**，人们要生成其所知觉事物的意义，总是需要与他以往的经验相结合。

③人脑并不是被动地学习和记录外界输入的信息，而是**主动建构**对输入信息的解释，主动地选择一些信息而忽视一些信息，并在此基础上进行推论（即学习者主动地选择和注意信息，主动地建构信息的意义）。

（3）斯皮罗的认知灵活性理论　　　　　　　》TIPS ⑧

①根据**知识及其应用的复杂程度**，斯皮罗将知识划分为结构良好领域的知识和结构不良领域的知识

a. 结构良好领域的知识： 有些知识领域的问题是确定的，解决这样的问题有明确的规则，基本可以套用相应的法则和公式。

TIPS ⑦

只看"枯藤老树昏鸦，小桥流水人家"，这两句曲词会让人觉得不知所云，但如果给了《天净沙·秋思》"夕阳西下，断肠人在天涯"和作者马致远背井离乡的游子经历，我们便能理解作者景物描写的用意和作者当时的心境以及曲词传达出的情感。这是因为后来出现的文字和内容唤起了我们头脑中对"漂泊、游子"的相关经验，个体已有的知识经验让我们能够理解曲词开头写景的话。那对知识的理解是如何生成的？新旧知识之间的相互作用的过程具体是怎样的，这是生成学习理论试图回答的问题。

TIPS ⑧

学习是一个不断深化的过程，斯皮罗等提出的认知灵活性理论，重点解释了如何促进理解的深化及促进知识的灵活迁移应用。认知灵活性理论认为，学习是学习者在一定的社会文化背景中以自己的方式主动建构内部心理表征的过程。所谓认知灵活性，就是指学习者通过多种方式同时建构自己的知识，以便在情境发生根本变化的时候能够作出适宜的反应。因为在结构不良领域中，从单一视角提出的每个单独的观点虽然不是虚假的或错误的，但却是不充分的。

b. 结构不良领域的知识：在解决问题时，不能简单套用相应的法则或公式，需要在原有经验的基础上重新做具体分析，建构新的理解方式和解决方案。

②针对结构良好领域和结构不良领域的划分，斯皮罗等根据学习所达到的深度和水平的不同，将学习分为初级知识获得阶段和高级知识获得阶段

a. 初级知识获得（初级学习）阶段：是对某一知识主体的入门性学习阶段，只需要知道一些重要的、基本的概念和事实。这个阶段所涉及的内容具有结构良好领域知识的特征。在这个阶段，传统的教学策略是非常有效的，如讲解整体部分的划分，强调标准答案。

b. 高级知识获得（高级学习）阶段：要求学习者把握概念的复杂性，并把它们灵活地运用到各种具体情境之中。概念之间的复杂性以及实例之间的差异性大量涉及结构不良领域的问题。在高级知识获得阶段，教学主要以对学习的深层理解为主，着眼于知识的综合联系和灵活变通，面对复杂多变的任务情境，学习者能灵活地理解问题和解决问题。

3. 认知建构主义学习理论的应用

（1）探究性学习

①含义：探究性学习是指学习者通过发现问题和解决问题而建构知识的过程。

②步骤：提出驱动性问题—形成具体探究问题和探究计划—实施探究过程—形成和交流探究结果—反思评价。

③意义：以问题为中心的探究性学习，有利于帮助学生提高灵活应用知识的能力，形成有效的问题解决和推理策略，发展他们的自主学习能力。

（2）随机通达教学　　　　　　　　　　　

①含义：随机通达教学指对同一内容，学习者要在不同的时间、在重新安排的情境中、带着不同的目的以及从不同的角度进行多次交叉反复的学习，以把握概念的复杂性并促进迁移。

②意义：形成对概念的多角度理解，并与具体情境联系起来，形成背景性经验，为今后的灵活迁移做准备。

4. 乔纳森知识获得三阶段理论

以斯皮罗等人的初级学习和高级学习为基础，乔纳森提出了知识获得的三阶段理论。

①在初级知识的获得阶段，学习者往往还缺少可以直接迁移的关于某领域的知识，这时的理解大多依靠简单的字面编码。在教学中，此阶段所涉及的主要是结构良好问题，其中包括大量的通过练

TIPS ⑨

学习者之所以不能将所学知识灵活地应用于新的实际情境中，是因为学校所教的知识都是经过简化处理了的结构性知识，而在实际情境中，问题的解决需要学习者具有大量的非结构性知识。而且学校教学的目标是让学习者接收、记忆和套用这些结构性的知识。为了实现结构不良领域高级知识获得的学习目标，促进学习者积极主动的双向建构过程，斯皮罗等人提出了随机通达的教学原则。

习和反馈而熟练掌握知识的活动过程。

②在**高级知识的获得阶段**，学习者开始接触大量**结构不良领域的问题**，这时的教学主要以对知识的理解为基础，通过**师徒式的引导**而进行。学习者要解决具体领域的情境性问题，必须掌握高级知识。

③在**专家知识的学习阶段**，所涉及的问题则更加复杂和丰富。这时，学习者已掌握大量的图式化的模式，而且其间已建立了丰富的联系，因而可以灵活地对问题进行表征。

知识点 4　社会建构主义学习理论与应用 ★★

社会建构主义是认知建构主义的进一步发展，是**以维果茨基的思想为基础**发展起来的，它主要关注**学习和知识建构背后的社会文化机制**，认为不同文化、不同环境下个体的学习和问题解决之间存在很大的不同。

社会建构主义学习理论的**基本观点**是：学习是一个文化参与过程，学习者通过借助于一定的文化支持，参与某个共同体的实践活动来内化有关的知识。其中的典型代表是文化内化与活动理论、情境认知与学习理论。

1. 文化内化与活动理论

（1）文化内化理论：学习作为社会文化的内化过程

①维果茨基认为，人的高级心理机能的发展是社会文化内化的结果。所谓**内化**，即把存在于社会中的文化（如语言、概念体系、文化规范等）变成自己的一部分，并有意识地指引、掌握自己的各种心理活动。

②维果茨基分析了内化过程中的两种知识的相互作用。

a. **自下而上的知识**：学习者在日常生活、交往和游戏等活动中形成的个体经验（直接经验），由具体水平向高级水平发展，直至实现以语言为中介的概括，形成更加明确的理解，并更有意识地加以应用。

b. **自上而下的知识**：在人类的社会实践活动中形成的公共文化知识（间接经验），首先以语言符号的形式出现在个体的学习中，由概括向具体经验领域发展，形成学习者的个人意义。

（2）活动理论：学习通过活动的参与来实现

①在维果茨基的基础上，**列昂节夫**进一步强调活动在高级心理机能内化过程中的作用。他提出，一切高级的心理机能最初都是在人与人的交往过程中，以外部动作的形式表现出来的。经过反复多次的练习和实践，外部动作才能内化为内部的心智动作。**活动是心理机能内化的中介和桥梁**，而人的活动，就其本质而言是一种社会实践，是在一定文化背景中的社会成员的相互作用。

②在活动理论的基础上，**温格提出了实践共同体的概念**，一个

实践共同体是围绕特定的实践活动而形成的。

③按照活动理论，**文化的内化是通过学习者参与某种社会活动**而实现的。学习者通过参与某个共同体的社会活动，把有关的概念、语言符号、规则等**内化**为自己的一部分，从而能越来越自如地理解和参与该活动，完成与该活动有关的思维和交流。这时，学习者也就逐渐进入该实践共同体之中，成为其中的一员。在参与活动的过程中，学习者通过与比他们更成熟的成员的合作，可以完成他们独自所不能完成的任务。这种通过合作所能达到的水平和独自能够达到的活动水平之间的差距，就代表了学习者的最近发展区。

（3）**支架式教学**

①根据维果茨基的最近发展区的思想，在活动过程中，比学习者更成熟的社会成员可以为学习者提供学习的**"脚手架"**，而随着活动的进行，可**逐渐减少外部支持**，拆除"脚手架"，让位于学生的独立活动。

②在实际的教学过程中，支架式教学的构成要素或基本环节一般包含五个方面：进入情境、搭脚手架、独立探索、协作学习和效果评价。

2. 情境性认知与学习理论

情境认知与学习理论主要强调**日常认知**、**真实性任务**和**情境性学徒训练**在学习过程中的重要性。

（1）情境性认知与分布式认知

①布朗等人首先提出并界定了情境认知的概念，并提出了"情境通过活动来合成知识"这一主张。布朗认为**知识是情境化的**，并且在很大程度上是它所应用的活动、背景和文化的产物。

②**分布式认知**指认知分布于个体内、个体间以及媒介、环境、文化、社会和时间等介质之中。

③分布式认知强调，人的认知不是分布在封闭的头脑之内的，而是在人与其所处的环境（包括物理、社会的要素）构成的整个系统中完成的，人往往要借助外在的环境线索、文化工具（如计算机）和与他人的互动来完成各种认知活动。 TIPS ⑩

（2）情境学习与教学

①建构主义理论批评传统教学使学习去情境化的做法，强调学习的情境性，**提倡情境教学**，主张学习内容要选择真实性任务，不宜对其做简单化的处理；由于真实情境涉及多学科概念，故建构主义主张弱化学科概念，强调学科间的交叉。

②知识、学习是与情境化的社会实践活动联系在一起的。因此，学习应该与情境化的活动结合起来，即**进行情境性学习**。

③情境性学习的具体特征可以归纳为四点：**真实任务情境、情境化的过程、真正的互动合作、情境化的评价（真实性评价）**。

例如，笔算比心算容易，就是因为个体将心算过程通过纸笔暂存于外部环境，减少了工作记忆负荷，即在笔算过程中，认知分布在个体头脑和外部环境之中。

（3）情境性认知与学习理论的应用　　>> TIPS ⑪

①情境教学模式一：**认知学徒制**

a.认知学徒制：布朗等人提出的一种教学模式，是指知识经验较少的学习者在专家的指导下参与某种真实的情境性活动，学习者在实际活动之中逐渐更多地洞悉专家所使用的知识和问题解决策略。学习者由边缘参与发展到中心参与。

b.认知学徒制的学习过程：学习者观察专家示范操作；学习者通过教师的训练或辅导获取外部支持；随着活动的进行，外部支持逐渐减少，学习者思考并清晰地阐述他们所获得的知识—对学习过程的理解以及学到的内容；学习者反思自身的进步，并与专家和先前的操作进行比较，尝试用新的方法应用所学知识。

②情境教学模式二：**抛锚式教学**

a.它属于一种情境性教学模式；抛锚式教学是将学习活动与某种有意义的大情境挂钩，"锚"是指包含某种问题任务的真实情境。

b.抛锚式教学的学习目的为使学习者在一个真实、完整的问题情境中，产生学习需要。通过学习者主动学习，在原有的知识基础上尝试理解情境，在教师的引导和学习小组的互动中形成新的理解。抛锚策略试图创设有趣、真实的背景以激励学习者的积极建构，因此"锚"往往是有情节的故事。

c.比较著名的抛锚式教学模式范例是**贾斯珀系列**，该系列包括以录像为载体的12个历险故事，这些历险故事主要以发现并解决一些数学中的问题为核心。"邦尼牧场的援救"是贾斯珀系列12个历险故事之一。

知识点 5　对建构主义的评价 ★★

1.贡献

①从**认识论角度**来看，建构主义阐释了认识的建构性原则，有力地揭示了认识的能动性。它反对机械反应论，强调认识个体的主动性作用，为科学理解认识过程中的各种关系，充分发挥人的主观能动性提供了理论依据。

②从**教育理论与实践的角度**来看，建构主义的许多观点和主张具有合理性。它提出的新的知识观，引发个体对知识观念的重新建构；它提出的教学观，帮助教育者从强调教师中心、教材中心和课堂中心的传统教育教学观念的束缚中解放出来；它提出的学习观，切中了传统学习的要害，促使学习者学习方式的转变，最大限度激发了学习者的学习动机；它提出的学生观，有利于培养学习者的创新思维和创新能力。

TIPS ⑪

例如，手艺人拜师学艺就是认知学徒制的典型教学模式。

2. 局限

虽然建构主义对机械反应论、客观主义经验论的种种弊端进行了不遗余力的攻击。但与此同时，建构主义（尤其是激进的部分）走向了与客观主义相对立的另一个极端：**相对主义、主观唯心主义**。建构主义认为不要去追求"真理"，另外，它过于强调世界的不确定性和变化性，甚至完全否认本质，否认规律，否认一般，有一定的相对主义色彩。

> **本节小结**
>
> 本节介绍了学习的建构理论，包括建构主义的思想渊源与理论取向、建构主义学习理论的基本观点、认知建构主义学习理论与应用和社会建构主义学习理论与应用。
>
> 建构主义的思想渊源主要来自皮亚杰的认知发展理论和维果茨基的文化历史发展理论。建构主义是一种理论思潮，在教育中主要有两种理论取向；建构主义学习理论从建构主义这一思潮的理论基础出发，提出与以往的学习理论所不同的知识观、学生观、学习观和教学观，构成了建构主义学习理论的基本观点。
>
> 认知建构主义学习理论以皮亚杰的思想为基础，认为学习是新旧经验相互作用过程中通过同化和顺应实现意义的双向建构的认知结构发展。其中的典型代表是冯·格拉瑟斯的激进建构主义、维特罗克的生成学习理论和斯皮罗的认知灵活性理论。
>
> 社会建构主义学习理论以维果茨基的思想为基础，认为学习是一个文化参与过程，学习者借助于一定的文化支持实现知识建构。其中的典型代表是文化内化与活动理论、情境性认知与学习理论。

第四节　学习的人本理论

人本主义学习理论强调人的潜能、创造性和个性的发展，把自我实现、自我选择和健康人格作为追求的目标，其主要代表人物是罗杰斯和马斯洛。

知识点 1　罗杰斯的学习与教学观 ★★

1. 知情统一的教学目标观

罗杰斯的教育理想是要培养将"躯体、心智、情感、精神、心力"融汇于一体的人，也就是培养既用情感的方式，也用认知的方式行事的知情合一的人。罗杰斯将知情合一的人称为**"全人"**或**"功能完善者"**。

2. 有意义的自由学习观

（1）学习的分类

罗杰斯认为学生学习主要有两种类型：认知学习和经验学习。

其学习方式也主要有两种：无意义学习和有意义学习。认知学习和无意义学习、经验学习和有意义学习是完全一致的。

①**认知学习（无意义学习）**：很大一部分内容对学生自己是没有个人意义的，它只涉及心智，而不涉及感情或个人意义，是一种在"颈部以上发生的学习"，因而与全人无关，是一种无意义学习。

②**经验学习（有意义学习）**：以学生的经验生长为中心，以学生的自发性和主动性为学习动力，把学习与学生的愿望、兴趣、需要有机地结合起来，因而是有意义的学习，能有效地促进个体的发展。

（2）有意义学习

①含义：所谓**有意义学习**，不仅仅是一种增长知识的学习，而且是一种与每个人各部分经验都融合在一起的学习，是一种使个体的行为、态度、个性，以及其在未来选择行动方针时发生重大变化的学习。　　　　　　　　　　　　　　　　　» TIPS ①

②有意义学习包含四个要素。

a. **全神贯注**：学习是学习者自我参与的过程。

b. **自动自发**：学习是学习者自我发展的过程。

c. **全面发展**：学习是渗透的，它使学生的行为、态度，乃至个性都发生变化。

d. **自我评价**：学习的结果由学生自我评价。因为学生最清楚这种学习是否满足自己的需要、是否有助于获得他想要知道的东西、是否会使自己明了原来不甚清楚的某些方面。

3. 以学生为中心的教学观

①罗杰斯对传统教育进行了批判，认为在传统教育中，教师能随意控制学生，学生则十分被动。他主张废除"教师"这一角色，代之以"**学习的促进者**"。教师扮演的角色是"助产士"和"催化剂"。

②教师的任务不是教学生学习知识（这是行为主义强调的），也不是教学生如何学习（这是认知主义强调的），而是为学生提供各种学习资源，提供一种促进学习的气氛，让学生自己决定如何学习。因此学生中心模式又称为**非指导教学模式**。　　　» TIPS ②

③促进学生学习的关键不在于教师的教学技巧，而在于特定的心理气氛，它包括：

a. **真诚一致**：学习的促进者是一个表里如一、真诚、完整而真实的人，没有任何矫饰、虚伪和防御。

b. **无条件的积极关注**：学习的促进者关心学习者的方方面面，尊重其情感和意见，接纳其价值观念和情感表现，并且这种感受并不以对方的某个特点、某个品质或者整体的价值为取舍、为依据。

c. **同理心（共情）**：学习的促进者能了解学习者的内在反应，了

罗杰斯认为，无意义学习是一种"在颈部以上发生的学习"，因为其很大一部分内容只涉及心智，而不涉及感情或个人意义。而有意义学习不仅是知识的学习，还是一种与个体各部分经验融合的学习。例如，儿童不小心触摸到电炉知道了"烫"的意思，就是一种有意义学习。罗杰斯认为教育的目标在于促进学生的发展，使他们成为能够适应变化，知道如何学习的"自由的人"，即功能完备的人。

罗杰斯认为，教育关系或教育气氛是最重要的。罗杰斯基于人的潜能和自我实现倾向的理论，首创了"以学生为中心"的教学观，这是其"以患者为中心"的治疗观在教育学领域的应用。他提倡给学生以无条件的积极关注，提倡从一开始就创造并维持一种没有威胁感的、可以减少焦虑的、安全的气氛，提倡教育中的"非指导性"。他认为只有这样，才能有效地帮助学生勇敢地面对"自我概念"的不和谐（心理疾病的成因）。

解其学习过程，为其设身处地着想，使其感同身受。

知识点 2　人本主义学习理论的应用★★

①人本主义课程又称为以人为中心的课程，人本主义课程的主要特点有以下几点。

　　a.尊重学习者的本性与要求。

　　b.强调认知与情感的整合发展。

　　c.承认学习者的学习方式同成熟者的研究活动有重大的质的差异。

　　d.学校课程必须同青少年的生活及现实的社会问题联系起来。

②根据以上所述的人本主义课程的特点，人本主义心理学家力主学校课程人本化，主张开设三种类型的课程。

　　a.**认知课程（或文化知识课程）**：指理解和掌握自然科学、社会科学和人文科学的学术（科学）知识的课程。这不仅是学问中心课程所追求的内容，而且是人性中心课程所应包含的学术水准。

　　b.**情感课程（或自我认识课程）**：指健康、伦理及游戏这一类旨在发展非认知领域的能力的课程。它包括发展人的情感、态度、价值、判断力、技能熟练等的音乐、美术，以及经过部分改革的体育健康教育、道德、语文等学科。

　　c.**体验课程（或整合课程）**：指通过认知（或知识）与情感的统一，旨在唤起学习者对人生意义的探求以实现整体人格的课程，又称为自我实现课程，它包括综合地运用各门学科的知识，在新辟的课时里（含校外活动）的体验性学习。

知识点 3　奥苏泊尔的有意义学习与罗杰斯的有意义学习的对比★★

罗杰斯的有意义学习和奥苏泊尔的有意义学习的对比如表3-6所示。

表3-6　奥苏伯尔的有意义学习 VS 罗杰斯的有意义学习

比较项目	认知派的有意义学习	人本主义的有意义学习
代表人物	奥苏伯尔	罗杰斯
概念	将符号表征的新知识与学习者认知结构中已有的适当观念建立非人为的和实质性的联系	所学的知识能够引起变化，全面渗透到个体人格和行为之中
核心	新旧知识之间的联系	学习内容与个体之间的关系
学习结果	在对事物进行理解的基础上，依据事物的内在联系进行的学习。结果是新学习材料纳入已有知识体系中	学习不仅是简单的积累，还渗透到个体行为中，渗透到个体未来的一系列活动中。学习会使个体态度和人格发生变化，是智、德相融合的人格教育和价值观的熏陶
概念范畴	认知范畴	知行统一范畴
举例	学习"烫"这个词，将新知识"烫"与旧知识"高的温度"建立联系	触摸到电炉，知道了"烫"这个词的意义，同时学会了以后对所有电炉都要当心

> **本节小结**
>
> 本节介绍了学习的人本理论，包括罗杰斯的学习与教学观、人本主义学习理论的应用。罗杰斯提倡自然主义的价值观，认为每个人生来就有一种内在的自我实现倾向。在这样的思想基础上，罗杰斯将其"以患者为中心"的治疗方法应用到教育领域，进而提出了有意义的自由学习观、以学生为中心的教学观。前者强调学生的自主性和自觉性，关注知识与个体各部分经验的融合性、渗透性；后者把"心理治疗理念"类推到教学活动中，提倡非指导教学，认为教师只是"学习的促进者"，主要作用是为学生提供学习资源，营造促进学习的气氛。为此，教师应做到真诚一致、无条件的积极关注和共情。罗杰斯的有意义学习与奥苏伯尔的有意义学习内涵不同。

名词总结

学习	经典性条件作用	消退	泛化
分化	高级条件作用	第一信号系统	第二信号系统
联结—试误说	准备律	练习律	效果律
应答性行为	操作性行为	操作性条件作用	正强化
负强化	正惩罚	负惩罚	普雷马克原理
扇贝效应	顺向连锁塑造	逆向连锁塑造	社会学习理论
观察学习	直接强化	替代强化	自我强化
完形–顿悟说	认知–目的说	认知地图	潜伏学习
认知–发现说	发现学习	认知表征理论	有意义接受说
有意义学习	认知同化理论	下位关系	上位关系
组合关系	先行组织者策略	接受学习	信息加工系统
执行控制系统	期望系统	建构主义	生成学习理论
认知灵活性理论	乔纳森知识获得三阶段理论		文化内化理论
活动理论	支架式教学	情境认知	分布式认知
情境学习	认知学徒制	抛锚式教学	
有意义的自由学习观		有意义学习	
以学生为中心的教学观			

第四章 学习动机

知识导读

本章首先对学习动机的含义、类型进行了简要概述，然后基于行为主义、人本主义和认知心理学三个学派的理论视角，分别详细地介绍了学习动机的强化理论、学习动机的人本理论和学习动机的社会认知理论，最后从现实教育工作需求出发，对学习动机的培养与激发进行了总结。

在心理学专业研究生考试中，第一节和第二节需要重点掌握，常以选择题、名词解释题等形式出题。其中，第二节还是主观题的考点分布范围之一，考生要重点关注学习动机的社会认知理论，理解和掌握每个学习动机理论的观点、教学应用。第三节属于开放性问题，考生理解即可。

知识地图

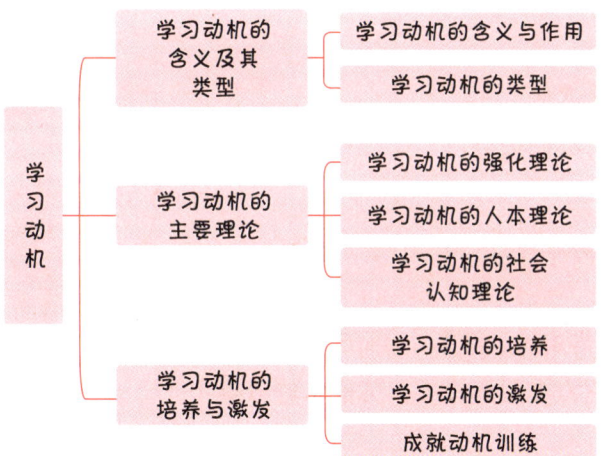

知识精讲

第一节 学习动机的含义及其类型

知识点 1　学习动机的含义与作用★

1. 学习动机的含义

学习动机是指引发并维持学生的学习行为，并使之指向一定学业目标的一种动力倾向。

学习动机的主要内容：对知识价值的认识（知识价值观）、对学习的直接兴趣（学习兴趣）、对自身学习能力的认识（学习效能感）、对学习成绩的归因（成就归因）。

2. 学习动机的作用

（1）引发作用

当学生对某些知识或技能产生迫切的学习需要时，就会引发学习内驱力，唤起内部的激动状态，使学生产生焦急、渴求等心理体验，并最终激起一定的学习行为。

（2）定向作用

学习动机以学习需要和学习期待为出发点，使学生的学习行为在初始状态时就指向一定的学习目标，并推动学生为达到这一目标而努力。

（3）维持作用

学习动机的水平影响学生在某项学习上的坚持时间、出现频次以及投入状态。

（4）调节作用

学习动机调节学习行为的强度、时间和方向。如果行为活动未达到既定目标，学习动机还将驱使学生转换行为活动方向以达到既定目标。

知识点 2 学习动机的类型 ★★

1. 根据学习动机的动力来源划分

（1）内部动机

内部动机是指对学习任务本身感兴趣而产生的动机。

（2）外部动机

外部动机是指对学习所带来的结果感兴趣而产生的动机。

2. 根据学习动机的内驱力类型划分（奥苏伯尔的分类）

（1）认知内驱力

认知内驱力指为理解和运用知识而产生的学习动机。这种动机指向学习任务本身，多半是由于学生的好奇心而产生的，其目的是知识的实际获得，因而是一种内部动机。

（2）自我提高内驱力

自我提高内驱力指为了能够凭能力获得相应地位而学习所产生的学习动机。也就是说，具有这种动机的个体把成绩看作赢得地位和自尊的手段。这种动机是外部动机，它也能促使学生在学业上付出长期的努力。

TIPS

①例如，因为对心理学感兴趣或觉得学心理学有挑战性，而开始的学习就属于内部动机，为了得到奖学金而开始的学习就属于外部动机。具有内部动机的学生渴望获得有关的知识经验，他们的学习具有自主性、自发性。具有外部动机的学生的学习具有诱发性、被动性，他们对学习内容本身的兴趣较低。

②外部动机和内部动机的区分并不是绝对的，事实上，来自外界的力量只有被转化为个体内在需要后才能成为学习的推力，从这一点上来说，外部动机的实质还是内部动机。在实际教学中，教育者既要强调学习的内部动机，也要关注外部动机的内化。

（3）附属内驱力

附属内驱力指为**维持长者称赞和认可**而学习所产生的学习动机，属于外部动机。这种动机的产生需要具备三个条件：第一，学生对长者产生情感上的依附；第二，学生从长者的称赞和认可中获得地位提升感；第三，学生有意识地坚持符合长者标准和期望的行为，这能使其地位更加稳固。　　　　　　　　　　>> TIPS ②

表 4-1　三种动机成分的对比

三种动机成分	动力来源	特征	地位
认知内驱力	内部	求知欲、好奇心	最重要、最稳定
自我提高内驱力	外部	名誉、地位	—
附属内驱力	外部	赞许、表扬	儿童早期最突出

3. 根据学习动机的作用与学习活动的关系划分

（1）近景的直接性动机

近景的直接性动机指为**近期目标**所产生的学习动机，这类动机与学习活动直接相关。

（2）远景的间接性动机

远景的间接性动机指为**长远目标**所产生的学习动机，这类动机与学习活动所带来的结果相关。

4. 根据学习动机起作用的范围划分

（1）一般动机

一般动机指在许多学习活动稳定持久地表现出来的动机。这类动机受个人价值观和性格特征的影响，因而也称为性格动机。

（2）具体动机

具体动机指在某一具体的学习活动中暂时地表现出来的动机。这类动机受到外界环境的影响，因而也被称为情境动机。

5. 根据学习动机内容的社会意义划分

（1）高尚的、正确的动机

高尚的、正确的动机指为了社会和国家的利益而学习所产生的学习动机，核心是**利他主义**。

（2）低级的、错误的动机

低级的、错误的动机指为了眼前个人利益而学习所产生的学习动机，核心是**利己主义**。

6. 根据学习动机起作用的大小划分

（1）主导性的学习动机

主导性的学习动机指在学习活动中处于支配地位、发挥主导作用的学习动机。

TIPS ②

三种动机成分的对比如表 4-1 所示。

在儿童早期，附属内驱力最为突出。到了儿童后期和少年期，附属内驱力的强度有所减弱，而来自同伴、集体的赞许和认可逐渐替代了对长者的依附。到了青年期，认知内驱力和自我提高内驱力成为学生学习的主要动机。

（2）辅助性的学习动机

辅助性的学习动机指在学习活动中处于从属地位、发挥辅助作用的学习动机。

> **本节小结**
>
> 本节介绍学习动机的含义和类型。学习动机的含义应联系本书"普通心理学"部分"第九章 动机"一章的内容共同理解，它是动机在学习活动中的表现。从学习动机的含义可以推出学习动机的四大作用。最后，根据不同的标准，可将学习动机分为不同类型。

第二节 学习动机的主要理论

知识点 1 学习动机的强化理论 ★

1. 学习动机强化理论的基本观点

①斯金纳的操作性条件反射学习理论认为，个体进行某一行为后给予的正强化物或撤销的负强化物是增加这一行为概率的决定性因素，这就是学习动机的强化理论。

②强化理论强调外部因素对学习行为的控制作用，即强调外来学习动机的作用。举例来说，当学生完成某项学习任务后，如果给予其奖励或是撤销某种惩罚，那么学生再次进行这项学习任务的概率就会增加。反之，如果给予其惩罚或是撤销了原有的奖励，那么学生再次进行这项学习任务的概率就会降低。

2. 学习动机外部强化的适用性

已有研究发现，外部强化虽能提高外来动机，但有时也会损伤某些活动的内在动机。这主要是因为，当个体完成他本来就感兴趣的任务时，外部强化的存在就可能使得个体忽视原本的兴趣，而将关注点放到任务的结果上，进而导致内在动机的损害。学习者的认知在外部强化对内在动机的损害作用中也起到了中介作用。例如，当学生完成较为容易的学习任务并获得教师的表扬时，他们易将这种表扬视为对自身低能的暗示。

另外，外部强化易使学生的注意范围变得狭窄，过度关注考试、成绩和奖惩，忽略了掌握知识内容本身。

因此在教育实践中，当开展学生本来就感兴趣的学习活动时，教育者可不设置奖励以避免内在动机的损害，而开展学生缺乏兴趣的学习活动时，教育者可通过适当的奖惩来培养和激发学生的学习动机，并使学生最终对学习活动本身产生兴趣。

知识点 2　学习动机的人本理论★★

1. 人本理论的基本观点　　　　　>> TIPS ①

学习动机的人本理论强调**个人选择和需要**对学习行为的影响，强调内部动机的作用，马斯洛的需要层次理论就是一个很好的体现。

2. 马斯洛的需要层次理论

（1）七种基本需要

美国心理学家马斯洛在解释动机时强调需要的作用。他认为，人的所有行为都是有意义的，都有其特殊的目标，这种目标来源于我们的需要。人有七种基本需要，这些需要从低级到高级排成一个层级。

①**生理需要**：维持生存和延续种族的需要。

②**安全需要**：受保护与免遭威胁、获得安全感的需要。

③**归属与爱的需要**：被人接纳、爱护、关注、鼓励、支持的需要。

④**尊重需要**：希望被人认可、关爱、赞许等维护个人自尊心的需要。

⑤**认识与理解的需要**：探索、试验、阅读、询问等，个体对不理解的东西寻求理解的需要，学习动机正来源于这种需要。

⑥**审美需要**：欣赏、享受美好事物的需要。

⑦**自我实现需要**：在精神上臻于真、善、美合一的至高人生境界的需要，即个人理想全部实现的需要。

（2）需要层次的分类

马斯洛把这七种需要分为缺失需要和成长需要。

①前四种需要为**缺失需要**，是我们生存所必需的，对生理和心理的健康是很重要的，必须得到一定程度的满足，一旦得到了满足，由它们产生的动机就会消失。

②后三种需要是**成长需要**，不是生存所必需，但对于个体适应社会有重要的积极意义，且它们具有永不满足性。

③缺失需要和成长需要相互制约、相互影响。一方面，缺失需要是最基本的需要，也是成长需要的基础，缺失需要得不到满足（或部分满足），成长需要就不会产生；另一方面，成长需要对缺失需要有引导作用，特别是居于顶层的自我实现的需要，对以下各层次需要都具有潜在的影响力

（3）教学应用

①根据需要层次理论，家长和教师应注重为学生创设良好的成长环境，学生只有在各种缺失性需要都获得满足后，才会不断成长，达到自我实现的理想境界。

学习动机的强化理论与学习动机的人本理论的比较：

①学习动机的强化理论强调外部因素对学习行为的控制作用，即马斯洛所述四种缺失性需要对学习行为的激励作用。

②学习动机的人本理论强调个体需要对学习行为的影响，不仅提到了缺失性需要的激励作用，还提到了成长性需要的激励作用，指出了强化理论所未能指出的、由内部因素产生的对学习行为的影响。

②在现实的学校生活中，学生最主要的缺失性需要往往是爱和自尊，只有民主、公正、理解、爱护、尊重学生的教师，才有可能使学生产生学习的热情、克服困难的意志和创造的欲望。

知识点 3 学习动机的社会认知理论 ★★★

1. 成就动机理论

（1）**默里的研究**

成就动机理论最早来源于默里的成就需要的观点，成就需要是指个体对重要成就、技能掌握、控制或者高标准的渴望。

（2）**麦克里兰的研究**

在默里研究的基础上，麦克里兰提出了成就动机理论。

①成就动机是追求卓越、获得成功的动机。成就动机跟个体的抱负水平有关。　　　　　　　　　　　　　　》TIPS ②

抱负水平：指个体在追求成就或从事某项工作时为自己设立的要达到的成就目标。

②成就动机分为两部分：追求成功的倾向、避免失败的倾向。若个体追求成功的动机强度高于避免失败的动机强度，则该个体将努力追求特定的目标；反之，则尽可能选择减少失败机会的目标。

（3）**阿特金森的期望–价值理论（对麦克里兰的发展）**

阿特金森对成就动机理论进一步发展，运用数量化的形式来描述成就动机，提出期望–价值理论。

①趋向成功的倾向（T_s）：由成就需要（追求成功的动机，M_s）、期望水平（对成功的主观期望概率，P_s）和成功的诱因价值（任务成功后的积极情绪，I_s）三者共同决定。其公式为 $T_s=M_s \cdot P_s \cdot I_s$。　　　　　　　　　》TIPS ③

公式的字母含义如下。
① T：tendency，倾向。
② M：motivation，动机。
③ P：possibility，可能性/概率。
④ I：inducement，诱因。

②避免失败的倾向（T_{af}）：由避免失败的动机（M_{af}）、对失败可能性的估计（P_f）与失败的消极诱因价值（I_f）三者共同决定。其公式为 $T_{af}=M_{af} \cdot P_f \cdot I_f$。

③将两种倾向综合起来，成就动机就是追求成功倾向的强度减去避免失败倾向的强度：

$$T_a=T_s-T_{af}=(M_s \cdot P_s \cdot I_s)-(M_{af} \cdot P_f \cdot I_f)$$

④一般而言，任务难度越大（成功的可能性越小，即 P_s 越小），成功所带来的满足感（成功的诱因价值，即 I_s）就越强，二者存在互补关系，即 $I_s=1-P_s$。由此可以推出：

· 若 $M_s>M_{af}$，则 T_a 为正值，且当 $P_s=0.5$ 时，动机强度最大；

· 若 $M_s<M_{af}$，则 T_a 为负值，且当 $P_f=0.5$ 时，动机强度最小；

· 若 $M_s=M_{af}$，则 T_a 为 0，此时不会出现追求目标的行动。（当成与败的可能性都是 0.5 时，动机强度最大或最小，取决于个体成败的动机 M。）

⑤阿特金森认为，力求成功者的目的是获得成功，因而**倾向于选择难度适中的任务**；避免失败者**倾向于选择最难或最易的任务**，以避免失败或为失败找借口。

（4）理论应用

①对于力求成功者：教师要给他们设置有一定难度的任务，营造竞争的学习环境，并且给予较严格的分数评定。

②对于避免失败者：教师要发挥表扬、激励的作用，营造竞争性较弱的环境，给予较为宽松的评分。

③教师需要适当地掌握评分标准，使学生感到要得到好成绩是可能的，但也不是轻而易举的。

2. 班杜拉的自我效能感理论

（1）含义

自我效能感指个体对自己能否成功进行某一成就行为的**主观判断**。

（2）基本观点

①班杜拉指出，人的行为受行为的结果因素（强化）的影响，但行为的出现不是由于随后的强化，而是由于人认识了行为与强化之间的依赖关系后对下一步强化的期望。

②期望包括结果期望和效能期望。

a. **结果期望**：人对自己某种行为会导致某一结果的推测，是传统的期望。

b. **效能期望**：人对自己能否做出某种行为的能力的推测或判断，即人对自我行为能力的推测。

（3）自我效能感对行为的影响

①**决定人们对活动的选择性及对该活动的坚持性**：人倾向于选择并做完自认为能胜任的工作，而回避自认为不能胜任的工作。

②**影响人们在困难面前的态度**：自我效能感高者有信心克服困难，更加努力；自我效能感低者则信心不足，甚至放弃努力。

③**影响新行为的获得和习得行为的表现**：自我效能感高者表现自如；自我效能感低者则缩手缩脚。

④**影响活动时的情绪**：自我效能感高者能够承受压力，情绪饱满、轻松；自我效能感低者则感到紧张、焦虑。

（4）影响自我效能感的因素

①**直接经验**：学习者的亲身经验对自我效能感的影响最大，成功的经验会提高自我效能感，反之，多次失败的经验会降低自我效能感。

②**替代经验**：学习者通过观察榜样的行为而获得的间接经验对自我效能感的形成也具有重要影响。

③**言语说服**：他人的建议、劝告和解释以及对自我的引导也有助于改变个体的自我效能感，但这种方法的效果不持久。

④**情绪唤醒**：情绪和生理状态也影响自我效能感的形成。如高度的情绪唤起、紧张的生理状态会妨碍行为操作，降低个体对成功的预期水准。

（5）自我效能感对教育的启示

①教师应注重对学生自我效能感的培养，以促进其设定合理的、能够实现的目标。

②在帮助学生设立目标时，教师应注意让学生感受到自己的进步，相信自己能够实现目标，对拟定的目标做出承诺并为实现目标而付出努力，这样学生就能提升自己的学业。

3. 归因理论　　　　　　　　　　　　　　» TIPS ④

（1）最早提出归因理论的是**海德**，他认为，行为结果的原因来自外界环境和个体内在两方面（内部原因和外部原因）。

（2）之后，**罗特**将"控制点"这一概念引入归因理论。所谓**控制点**，即个体对于事情引发相应结果的责任定向。

①内控型的人认为：结果由**个体的自身行为**造成或由个体稳定的个性特征（如能力）决定。

②外控型的人认为：结果是由**个体之外**的因素（如运气、机会、命运、偏见）等导致的。

（3）**维纳**对行为结果的原因进一步探讨后提出，人们倾向于将活动成败的原因归结为以下六个因素：**能力高低、努力程度、任务难易、运气（机遇）好坏、身心状态、外界环境等**，并用**控制点、稳定性和可控性**三个维度对这些原因进行了划分（如表4-2所示）。

TIPS ④

归因理论明确阐述了认知对成就动机的影响，是所有动机理论中最为强调认知的，它解释了人们如何理解自己或他人的行为结果的原因。对于同一件事，不同的归因方式将导致个体产生不同的情感体验。

表4-2　四种归因因素在三个维度上的分布

四种归因因素	内外源		稳定性		可控性	
	内部	外部	稳定性	不稳定性	可控制	不可控制
能力高低	√		√			√
努力程度	√			√	√	
任务难度		√	√			√
运气好坏		√		√		√
身心状态	√			√		√
外界环境		√		√		√

①归因的影响

A.归因的内外源维度影响个体对成败的情绪体验

a.把成功归结为内部原因，会感到满意和自豪；把失败归结为内部原因，会产生内疚和无助感。

b.把成功归结为外部原因,会产生侥幸心理;把失败归结为外部原因,会产生气愤和敌意。　　　　　　　　　　　» TIPS ⑤

　　B.**稳定性维度影响个体对未来成败的预期**

　　a.把成功归结为稳定因素,会提高学习的积极性;把失败归结为稳定因素,会降低学习的积极性。

　　b.把成功归结为不稳定因素,学习的积极性可能提高,也可能降低;把失败归结为不稳定因素,会感到生气。

　　C.**可控制性维度影响个体今后努力的行为**

　　a.把成功归结为可控因素,学习的信心会提升;把失败归结为可控因素,学生会很内疚,认为自己可以通过努力改变失败现状。

　　b.把成功归结为不可控因素,学生的信心会下降;把失败归结为不可控因素,学生的心情是沮丧的,甚至是绝望的。

　　②归因理论的教育应用

　　A.**教师要引导学生正确归因**

　　a.韦纳倾向于引导学生进行内部的、稳定的、可控的维度的归因。

　　b.归因于努力相比归因于能力,无论成败,都会引发更强烈的情绪体验。努力而成功,体验到愉快;不努力而失败,体验到羞愧;努力而失败,体验到鼓励。

　　c.在付出同样的努力时,能力低的,应得到更多的奖励。

　　能力低而努力的人受到最高评价,能力高而不努力的人,则受到最低评价。

　　B.**教师要引导学生建立积极的自我概念**。自我概念指个体对自身存在的体验,它包括一个人通过经验、反省和他人的反馈,逐步加深对自身的了解。正确归因是帮助学生获得自我概念的方式之一。

　　C.一般情况下,**引导学生将成败归因于努力,但不能一切均归因于努力**。如学生已经很努力但还是没有成功时,要帮助学生找到正确的原因,避免学生产生习得性无助。

　　4.成就目标理论

　　(1)成就目标

　　德韦克和尼科尔斯提出,**成就目标**是个体对从事成就活动的目的或意义的知觉。

　　(2)两种能力内隐观

　　①**能力实体观**:认为能力是稳定的、不可改变的;

　　②**能力增长观**:认为能力是不稳定的、可以控制的,是可以随着知识的学习、技能的培养而加强的。

　　(3)评价成功的标准和原则

　　评价成功的标准和原则有三个:**任务标准、自我标准、他人标准**。

TIPS ⑤

将失败归因于内部的、稳定的和不可控制的因素(即能力),会产生习得性无助。习得性无助:指个体经历某种学习后,在面临不可控情境时形成无论怎样努力也无法改变事情结果的不可控认知,继而导致放弃努力的一种心理状态。

（4）两种成就目标

①持有能力增长观的个体倾向建立掌握目标，把目标定位在掌握知识和提高能力上，认为达到这个目标就是成功，个体对自己的评价往往依据任务标准和自我标准，会选择中等难度的任务，这类个体被称为任务卷入的学习者。

②持有能力实体观的个体倾向设置成绩目标，把目标定位在好名次和好成绩上，认为只有赢才是成功，这种目标常表现在把自己和别人进行比较，根据他人标准来评价自身的表现，这类个体被称为自我卷入的学习者，他们关注的是自己。

（5）不同的成就目标对应着不同的动机和行为模式

①具有掌握目标的个体，往往会采取主动、积极的行为，如选择适当的具有挑战性的任务，并使用深层的加工策略。

②而具有成绩目标的个体，往往有较高的焦虑水平，有时不敢接受挑战性的任务，遇到困难有时容易退缩。

（6）教育应用

①教师要引导学生正确看待成绩，强调学习内容的价值和意义，淡化分数和其他奖励。

②教师要引导学生发挥优势，适当利用激励的作用，引导学生更加努力、自信。

③通过前测，设置具体的、中等难度的、近期可达到的目标，加强动机的持久性。

5. 自我决定理论

自我决定理论由德西和瑞安提出，其基本假设是：人是积极自主的有机体，具有与生俱来的心理成长倾向，会努力地应对环境中的持续挑战，并将外部经验整合到自我概念中；但是这种内在的心理成长倾向取决于人先天固有的三种基本心理需要的满足。

（1）有机整合理论

该理论将人的动机看作一个从无动机、外部动机到内部动机的自我决定程度不断增加的连续体。

①无动机：个体处于缺少行为意愿的状态。

②外部动机：为了获得某种可分离的结果而去从事一项活动，如为了获得高分或避免惩罚等。

外部动机又分为四种类型：

a.外部调节：个体完全为了满足外在要求而服从外部规则做出某种行为。

b.内摄调节：个体吸收了外部规则，但没有接纳为自我的一部分；个体是为了避免或维护自尊和自我价值，而做出某种行为。

TIPS ⑥

该理论认为动机是一个从外部控制到自我决定的连续体，连续体的两端分别是完全的内在动机和完全的外在动机，中间部分则是内在动机，是外在动机获得个体内在认同和追求后形成的。自我决定理论认为，自我决定作为一种能力，还反映了个体的需要，当个体充分认识到自身需要和外部环境后，就能对行动作出选择，由此可见，自我决定理论不仅强调内在动机，更关注外在动机的内化。

c. **认同调节**：个体认同规则的价值，觉得遵循规则是重要，自愿按照规则作出行为；个体更多体验到自己是行为的助人。

d. **整合调节**：个体将外部规则完全内化，成为自我的一部分；在各种活动中自主地做出规则所要求的行为。

③**内部动机**：人所固有的一种追求新奇和挑战、发展和锻炼自身能力、勇于探索和学习的先天倾向。

值得注意的是，外部动机的内化不等同于内部动机，外部动机即使内化为整合调节状态，也还是属于外部动机，仍是由于目标对其有益或者重要而产生行为动机，具有一定的工具性。

（2）基本心理需要理论

自我决定理论认为，自我决定行为源自自我高度整合的动机，包括内在动机以及高度内化的外部动机。而自我高度整合需要满足三种基本需要。

①**自主需要**：自我决定的需要，指个体对于从事的活动拥有一种自主选择感而非受他人控制的需要。

②**能力需要**：指个体对自己的行为能够达到某种水平，对自己能够胜任某项活动的信念。

③**关系需要**：指个体与他人相联系或属于某个群体的需要。

这三种需要的满足能促进个体产生内部动机与外部动机的内化，使个体保持积极的心理状态，更好地成长，更好地适应环境。

（3）教育应用

①引导树立内部目标：引导学生关注知识或任务对个人成长的内在价值。如树立自我进步的意识、建立有意义的关系、为社会做贡献等内部目标，而不是分数、名次和荣誉等外在目标。

②设置适度挑战任务：最大限度地调动个体的积极性，激发个体征服的内在动机，使个体全身心地投入任务，达到忘我的境界。

③提供自主性支持：给学生提供独立工作和决策的机会，教师不要事事过问，适当放宽对学生的管理，让学生学会自己决定，自己承担责任。

④呈现信息性的指导、规则、反馈、评价和奖励：传达个体能够胜任所从事的活动或者如何更好地胜任该活动的信息。

⑤营造和谐的人际关系氛围：使个体对所在团体产生归属感，满足关系的需要，增强内部动机。

6. 自我价值理论

①科温顿关注个体如何评估自身价值。自我价值指认为自己是优秀、有能力的个体的一种信念。当学生没能通过优异的成绩证明自身价值，即自我价值受到威胁时，学生就会采取保护策略以维护

科温顿的自我价值理论主要用来解释学生放弃努力的原因。

正面的自我形象，这些保护措施包括回避挑战、自我设障、放弃求助、撒谎等。

②根据成就动机理论的追求成功和避免失败两个对立的维度，自我价值理论将学习者分为四种类型（如图4-1所示）。

a.**高趋低避者**：这类学生自信、刻苦并且聪明，对学习有着极其强烈的兴趣，学习能使他们获得快乐，因此他们被称为**成功定向者或掌握定向者**。

b.**低趋高避者**：这类学生不喜欢学习，尤其不愿意进行没有把握的学习任务，其背后的根源是对自身能力的怀疑和对失败的恐惧，因此他们被称为**"逃避失败者"**。

c.**高趋高避者**：这类学生兼具前两类学生的特点，既努力能干，也备受紧张、焦虑等精神困扰，因此对学习任务既向往又排斥，他们通常是教师非常喜欢的孩子，被称为**"过度努力者"**。

d.**低趋低避者**：这类学生既不追求成功，也不害怕失败，对挑战、成就等漠不关心，其实质是放弃了任务和组织了对于自己无能的评价，因此他们被称为**"失败接受者"**。

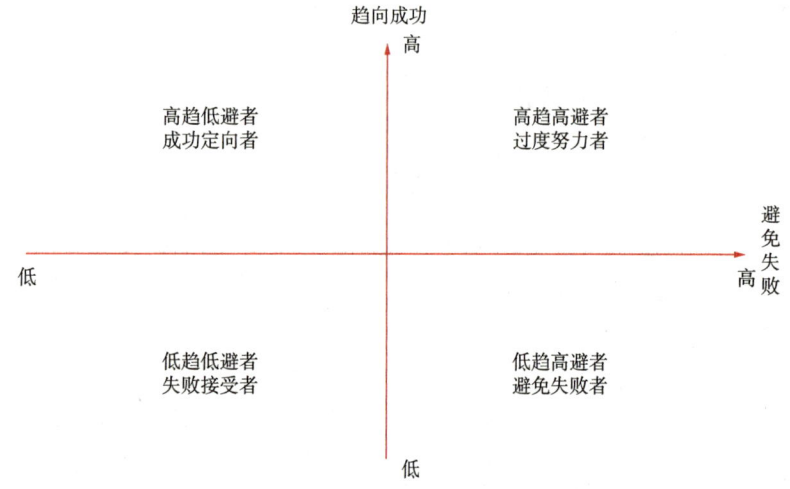

图4-1　自我价值观理论将学生分为四种类型

③教育应用：

a.把指导学生认识学习目的、培养学生的学习动机视为学校教育最重要的目的。提高学生对学习的卷入水平，让学生把学习当作获取快乐的途径，而非外界的刺激带给他们的快感。

b.可以合理解释教育过程中的很多现象。如对学生努力的态度、学习动机随年龄增长而降低、学习任务的选择、目标的选择、考试的抱怨等现象的解释。

c.教师要合理设置任务，采用相应的措施。比如，教师可以鼓励小组合作学习，让学生有机会将学习视为集体的共同活动，将学习成绩的提高视为集体共同努力的结果而非个人能力的体现。

d. 教师要引导学生进行正确的自我评价，促进学生产生内在动机，形成成功定向。

> **本节小结**
>
> 本节介绍了学习动机的强化理论、学习动机的人本理论和学习动机的社会认知理论。强化理论关注强化对学习动机的引发与维持作用；人本理论则提出了个体需要的层次性，并且关注自我实现这一需要推动个体通过学习充分发挥自己的价值和潜能；社会认知理论则认为，认知决定个体的学习动机水平，主要包括六个理论：阿特金森的成就动机理论、班杜拉的自我效能感理论、韦纳的成败归因理论、德韦克和尼科尔斯的成就目标理论、德西和瑞安的自我决定理论和科温顿的自我价值理论。考生可以结合本套教材当中的普通心理学"第九章－动机"的内容共同理解进行学习。

第三节　学习动机的培养与激发

知识点 1　激发与维持外部动机 ★★

激发与维持外部动机是通过给予学生外部强化，可激发和维持学生学习的外部动机，进而影响学生的行为。在实际课堂情境中，教育者可采取以下措施。

1. 设置具体的学习目标

①明确具体的学习目标能帮助学生认识自己可以通过学习获得什么，从而对学习成就产生一个心理期。

②在设置学习目标时，教育者应充分考虑学生之间的个体差异，在必要时进行单独辅导。

③设置了具体的学习目标后，还应针对目标提出切实可行的达成方法。教育者可帮助学生将达成目标的过程分为很多步骤，在学生获得每一步成功后都给予鼓励，以增强学生的自信心。

2. 设置恰当的榜样

教育者可鼓励学生以身边优秀的同学作为榜样，或以那些拥有刻苦学习事迹的著名人物作为榜样，学习这些成就、动机高的人的思想及行为方式，而这些思想和行为方式会成为学生心理上的一种标准，能够激发学生产生为之努力的动机。值得注意的是，恰当的榜样应当是处于学生最近发展区的。

3. 反馈学习结果

①对学习结果进行客观的、有针对性的反馈，可以让学生看到自己的优缺点，一方面提高他继续正确行为的概率，另一方面也能

对出现的错误进行纠正。

②同时要注意，进行反馈时应充分考虑学生个体差异，反馈的内容应以启发和鼓励为主，以避免学生的抵触情绪。

③另外，对学习结果的反馈还应做到及时。这是利用了学生对刚刚的学习内容尚且存有记忆这一点，这时的反馈是对学生提高学习能力的愿望的进一步满足，有利于帮助学生增强自信心。

4. 正确利用竞赛、考试与评比

①竞赛有利于满足学生的好胜性动机和寻求成功的需要，有利于激发学生的学习兴趣和增强学生克服困难的意志力。

②考试则是衡量学生掌握知识程度的标准，教育者应特别强调它是个人努力程度的标志而非对个人能力的估量。

③评比包括恰当的评价、表扬以及批评。表扬比批评能够更有效地对学生的学习动机产生激励作用，教育者有必要帮助学生树立对评比的正确态度，制定符合学生年龄和性格特征的评比规则，并在评比时做到客观、公平。

5. 适当给予奖励和惩罚

①教育者可利用适当的奖励和惩罚来强化学生的学习动机，奖励和惩罚的侧重点都应放在学生的努力程度和进步情况上，而不应放在能力高低上，这有利于培养学生对学习任务的积极性。

②对于年幼的儿童，尤其需要利用外部刺激辅助学习动机的形成和巩固，而对于年龄较大的学生，则可以强调外在动机的内化，以使得学生能在没有外部刺激的情况下继续学习。

知识点 2　激发与维持内部动机 ★★

教育者应始终注意培养学生对于学习的积极态度，使学生不仅具备功利性的追求，也拥有对学习本身的兴趣与追求。因此，应重视学生内部学习动机的激发和维持，帮助学生养成主动学习的习惯。教育者可采取以下措施。

1. 增强教学吸引力

增强教学吸引力可从灵活的教学形式、新颖的教学内容、活跃的课堂氛围、丰富的学习活动等方面入手。例如运用多媒体课件、电影片段等手段呈现教材内容，通过角色扮演的方式讲解课文等。这些方法可充分调动学生在课堂上的学习积极性，促进学生产生学习兴趣。

2. 善用启发式教学法

①在正式讲授教学内容前，教育者可先就教材内容创设"问题情境"，让学生进行自主学习和自主思考，充分唤起学生的好奇心和

求知欲，从而激发学习兴趣。

②需要注意的是，教育者所创设的问题情境需要小而具体、难度适当、新颖有趣并富有启发性。

③与之类似，当讲授实验课时，教育者可先进行实验，然后鼓励学生自主思考并提出问题。而"有所发现"的本质即是一种自我奖励，如果学生能够将这一点作为学习的主要任务，就有可能产生对学习任务本身的兴趣并从中获得成就感和自信，进而产生内部学习动机。

3. 培养学习兴趣

教育者可以鼓励学生参加自己感兴趣的课外活动小组，鼓励学生参加力所能及的学习活动，利用学科知识解决实际问题，体验学好知识的乐趣和收获成功的愉快，进而对学科知识产生兴趣。

4. 利用原有动机的迁移

①对于学生原有的兴趣爱好，教育者可将它与学习进行结合，例如鼓励喜欢星星的学生阅读天文方面的书籍、参加天文知识竞赛等。

②同时，教育者应善于发现学生身上的闪光点，鼓励学生进行相关的学习活动，使学生在自己擅长的领域做出好的表现并收获成功，有利于培养他对相关学科的学习动机。

5. 建立良好的归因模式

①良好的归因模式有利于学生对学业的坚持和进一步探索。

②根据归因理论的基本结论，教育者应强调学生是可以控制自己的独立体，应对自己的行为结果负责，并鼓励学生将成败归因于自身努力，向学生传达只有付出努力才有可能获得成功的道理。

知识点 3　成就动机训练★★

教育者可有意识地帮助学生树立以掌握知识技能为目标的动机，从而激发学生的求知需要，培养成就动机。

已有研究表明，受过成就动机训练的学生较未经训练的学生，对成就更为关心，具备更多达成标的方法技能，在学习成绩上取得了更为显著的进步。

成就动机训练具体包括以下六个阶段。

①意识化：通过谈话、讲座等方式帮助学生意识到与成就动机相关的行为。

②体验化：在活动中体会成功与失败，总结经验教训，归纳出获得成功所必须掌握的行为策略。

③概念化：通过体验来理解与成就动机相关的概念。

④练习：多次重复上述步骤，将理性思维和感性体会结合。

⑤迁移：将学习到的成功所必须掌握的行为策略应用到更多学习活动中。

⑥内化：自如运用各种行为策略，培养成就动机。

> **本节小结**
>
> 本节介绍了学习动机的培养与激发，包括激发与维持外部动机、激发与维持内部动机以及成就动机的训练。

名词总结

学习动机　　内部动机	外部动机　　认知内驱力
自我提高内驱力　附属内驱力	近景的直接性动机
远景的间接性动机	学习动机的强化理论
学习动机的人本理论	成就动机理论
阿特金森的期望-价值理论	自我效能感理论
归因理论	成就目标理论
掌握目标	成绩（表现）目标
任务卷入的学习者	自我卷入的学习者
自我决定理论	自我价值理论
高趋低避者	低趋高避者
高趋高避者	低趋低避者

第五章 知识的学习

知识导读

本章首先对知识的表征、类型进行了概述；然后对陈述性知识和程序性知识进行详细展开介绍；最后介绍了什么是学习的迁移、迁移有哪些类型，同时介绍了相关理论解释迁移是如何发生的、怎样更好地促进迁移。

在心理学专业研究生考试中，知识的表征与类型、陈述性知识和程序性知识，主要以选择题、名词解释题的形式进行考查，而对于学习的迁移需要重点掌握，可以以多种形式进行考查，尤其是学习迁移的相关理论，考生要理解掌握每个理论的基本观点以及对教学的启示。

知识地图

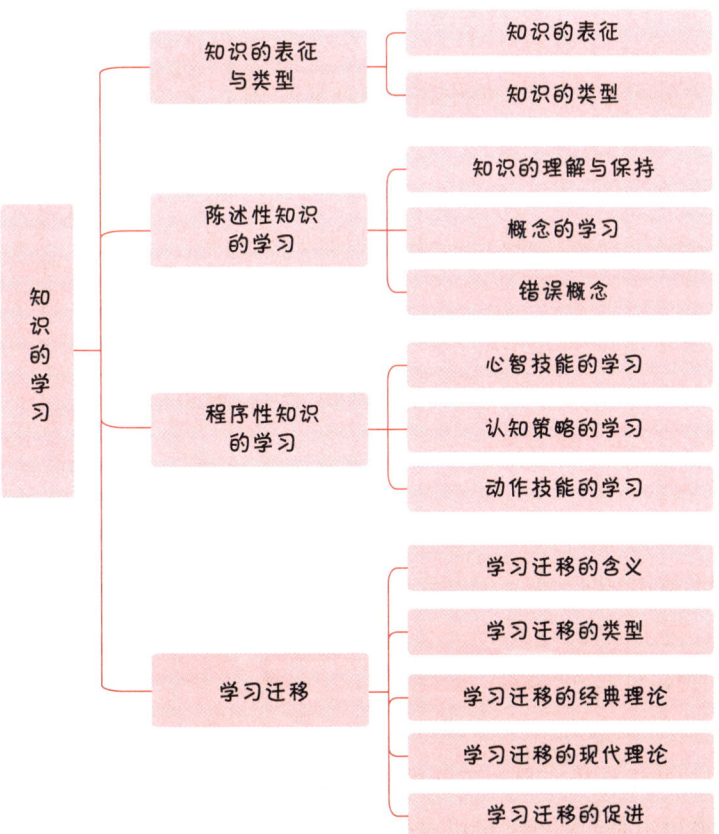

知识精讲

第一节　知识的表征与类型

知识点 1　知识的表征 ★★

知识的表征指<u>知识在头脑中的表示形式和组织结构</u>。知识是通过个体与信息，甚至是整个情境相互作用而获得的，个体获得的知识将会在头脑中用某种形式和方式来代表其意义，进而存储起来。

不同类型的知识在头脑中以不同的方式进行表征：陈述性知识以<u>概念、命题和命题网络、表象、图式</u>表征；程序性知识以<u>产生式</u>为主，有时也会以图式表征。

1. 概念　　　　　　　　　　　　　　　　　　　》 TIPS ①

①概念代表事物的<u>基本属性和基本特征</u>，是一种简单的表征形式。

②不同概念在头脑中是相互联系的，又具有一定的层次关系，因此它们就构成了概念的层次网络结构。

2. 命题和命题网络

①命题是<u>意义或观念的最小单元</u>。它用于表述一个事实或描述一个状态，通常由一个关系和一个以上的论题组成，关系限制论题。

》 TIPS ②

②命题中所包含的关系只能有一个，但论题却可以是多个。

》 TIPS ③

③命题是通过句子来表达的，但是命题不等于句子，一个句子可以包含一个或多个命题。个体通过命题而不是句子把观念存储于大脑中。

》 TIPS ④

④具有相互关系的命题构成<u>命题网络</u>，又称为语义网络。两个或多个命题常常因为共同的成分而相互联系，构成命题网络。<u>命题和命题网络是陈述性知识的主要表征方式。</u>

3. 表象

表象是人们头脑中形成的与现实世界的情境相类似的<u>心理图像</u>，是人们保存<u>情境信息和形象信息</u>的一种重要方式。

表象是一种连续的、模拟的表征，它适合在<u>工作记忆</u>中对空间信息和视觉信息进行某种经济的表征。

4. 图式

①图式是指<u>有组织的知识结构，是对范畴的规律性做出编码的</u>一种形式，这些规律性既可以是知觉的，也可以是命题性的。

例如"网球"就包含这样一些特征：圆形、黄色、表面有毛等。

例如在"网球飞了"这一命题中，"网球"是命题谈及的话题，也就是论题，"飞了"则是这一命题的关系。

例如"小明打网球"，关系只有"打"，但论题却有"小明"和"网球"。

例如"小明正在打着新买的网球"这个句子就包含"小明正在打网球"和"网球是新买的"两个命题。

②图式是关于某个主题的一个知识单元，它包含与某主题相关的一套相互联系的基本概念，构成了感知和理解外界信息的框架结构。

5. 产生式

①产生式包含了"如果某种条件满足，那么就执行某种动作"的知识，它表明了所要进行的活动以及发生这种活动的条件。

②产生式与概念和命题网络的不同在于，它可以自动激活，一旦满足了特定条件，就会发生相应的活动。

③一个产生式的结果可以作为另一个产生式的条件，从而引发其他行动，众多的产生式联系在一起就构成了产生式系统。产生式是程序性知识的主要表征方式。

知识点 2 知识的类型 ★

1. 根据知识的状态和表现方式划分　　>> TIPS ⑤

①**陈述性知识**：关于"**是什么**"的知识，是对事实、定义、规则和原理等的描述。

②**程序性知识**：关于"**怎么做**"的知识，如怎样进行推理、决策或解决某类问题等。

2. 根据知识与语言的关系划分　　>> TIPS ⑥

①**显性知识**：用书面文字、图表和公式等表述的知识，是用言语等认为方式表述来实现的，又称"**言明的知识**"。

②**隐性知识**：尚未被言语或其他形式表述的知识，是"**尚未言明的**"或者"**难以言传的**"知识。

二者的对比如表 5-1 所示。

表 5-1　隐性知识 VS 显性知识

不同点	隐性知识	显性知识
本质	个人的、特定语境的	可以编码化和显性化的
形式化	难以形式化，难以记录，难以编码，难以用语言表达	可以编码，可以用语言、文字进行口头和书面表达
形成过程	在实践中摸索，在错误中尝试	产生于对隐性知识的说明和对信息的解释
存储地点	存储于人脑	存储于文件、数据库、网页、电子邮件、书籍、图表等介质中
相互转化	通过比喻和类推的形象化方法将隐性知识转化成显性知识	通过理解、消化吸收，将显性知识转化为隐性知识
信息技术支持	难以用信息技术进行管理、共享和支持	可以用现有的信息技术支持
需要的媒介	需要丰富的、多媒介的渠道沟通和传递	可以用常规的电子渠道传递

3. 根据知识反映深度划分

①**感性知识**：反映了事物的**外表特征与外部联系**，分为感知和表象两种水平。

TIPS ⑤

①条件性知识是程序性知识的一种，解决"什么时候、为什么"的问题。

②程序性知识是在陈述性知识的基础上进一步发展起来的，个体把陈述性知识与具体的任务目标联系起来，从而解决某个问题，在解决问题的过程中，个体把陈述性知识转变为程序性知识。

TIPS ⑥

隐性知识是英国物理化学家和哲学家迈克尔·波兰尼（Michael Polanyi）于 1958 年在《人的研究》一书中提出的概念，被认为是人类认识论上的第三次"哥白尼革命"。波兰尼的著名命题"我们知晓的比我们能说出的多"说的就是隐性知识。

②**理性知识**：反映了事物的**本质特征与内在联系**，包括概念和命题两种形式。

4. 根据布卢姆教育目标分类系统划分

①**具体知识**：指具体的、独立的信息，主要指具体指称物的符号，包括具体符号的知识（即术语的知识）和具体事实的知识（即有关日期、事件、人物、地点等方面的知识）。这类知识是较复杂、较抽象的知识形态的构成要素。

②**方式方法知识**：有关组织、研究、判断和批评的方式方法的知识，它的抽象水平介于具体知识和普遍原理知识之间。

③**普遍原理知识**：指把各种现象和观念组织起来的主要体系和模式的知识，它具有高度抽象和非常复杂的水平。

5. 根据知识及其应用的复杂多变程度划分

①**结构良好领域的知识**：解决问题有明确的规则，基本可以直接套用公式和法则。

②**结构不良领域的知识**：在解决问题时，不能简单套用原来的解决办法，需要在原有经验的基础上重新做具体分析，建构新的理解方式和解决方案。

6. 按照获得知识的方式划分

①**直接知识**：来源于个人体验的知识。

②**间接知识**：来源于书本的知识。

7. 按照知识的客观性划分

①**主观知识**：指个人对事实的理解。

②**客观知识**：相对约定俗成的知识。

本节小结

本节介绍了知识的表征与类型。知识的表征简单理解就是，个体对知识进行编码后，以某种方式将其存储在头脑中；陈述性知识和程序性知识有着不同的表征方式。根据不同的标准，可将知识分为不同类型。其中，显性知识和隐性知识这一分类与本套书"普通心理学"部分"第六章 记忆"中的"显性记忆和隐性记忆"内容相对应，可进行联系性学习。

第二节 陈述性知识的学习

知识点 1　知识的理解与保持★

1. 知识的理解

理解是学生掌握知识的核心，是知识得以保持、实现迁移与应用的关键。

（1）知识的理解的含义

知识的理解又称**知识的领会**，指学生运用已有的经验、知识去认识事物的种种联系、关系，直至认识其本质、规律的一种逐步深入的思维活动。**它是学生掌握知识过程的中心环节**。

（2）知识理解的类型

①按照知识的分类，也就有相应的知识理解，如知识的理解可以分为陈述性知识的理解、程序性知识的理解、符号的理解、概念的理解、命题的理解。

②按照知识的学习方式可以把知识学习分为知识的接受学习、发现学习和支架式学习。

（3）知识理解的过程

①知识是通过新知识和旧知识之间的同化或者顺应而建构起来的。

②维克特罗认为知识的学习是将信息赋予意义的过程，这是原有的知识经验以及认知结构与从外界接收到的感觉信息相互作用而形成的。

（4）知识的理解的水平

①初级水平的理解：又称知觉水平的理解，对客观事物进行"是什么"的揭示。

②中级水平的理解：揭露客观事物"为什么"的问题，揭示客观事物的本质、客观事物之间的联系。

③高级水平的理解：是在揭示客观事物"为什么"的基础上，进一步实现类化、具体化、系统化，把有关事物归入已获得的概念中去的过程。

（5）知识的理解的影响因素

①**客观因素**

A.学习材料的内容

a.**学习材料的意义性**：有意义的学习材料应该是逻辑地、清晰地表达某种观念意义，具有激活学习者相关知识经验的可能性。

b.**学习材料内容的具体程度**：具体的、形象的、与生活经验更为贴近的信息，如自然课中的"水""植物的花"等，容易激活学生的先前经验，有助于学生形成丰富的联系。

c.**学习材料的相对复杂性和难度**：涉及因素较少、概念之间关系比较直接的知识较易于为学生接受和理解。

B.学习材料的形式

学习材料**在表达形式上的直观性**会影响到学习者的理解，如采用实物、模型、形象的言语等，这些直观方式可以为抽象内容提供具体感性信息的支持。

C. 教师言语的提示和指导

教师在教学的不同阶段的言语提示对学生的学习有直接的影响。在教学中，教师言语的作用不应仅仅局限于对某一具体知识的描述和解释，重要的是用言语引导学生进行主动的建构。

②主观因素

A. 原有的知识经验背景

学习者的原有知识背景会影响到理解新知识，而这种知识背景有着丰富而广泛的含义，它包括来源不同的、以不同的表征方式存在的知识经验，是一个动态的、整合的认知结构。

一般来说，学习者经验的丰富程度以及经验与知识的关系会影响到学习者对知识的理解。

B. 学生的能力水平

学生的认知发展水平和学生的语言能力都会制约对某些知识的理解。学生能否理解一个事实和其自身的认知发展水平有直接的关系。知识尤其是抽象知识是用语言来表述的，有时学生语言能力的缺失往往会制约其对某些知识的理解。

C. 主动理解的意识与方法

新信息与原有知识经验之间的相互作用是通过学习者积极地认知加工活动而实现的，学习者需要有主动理解的意识和建构理解的有效方法。这是理解知识的重要前提，毫无疑问对知识的理解起着重要的作用。

D. 学习者的认知结构特征

包括：认知结构中有没有适当的、起固着作用的观念；起固着作用的观念是否稳定、清晰；新学习材料与原有观念之间的可辨别性，即这些观念与新观念之间区别的程度如何。

2. 知识的保持

知识的保持和记忆、遗忘密切相关。促进知识的保持的方法如下。

①提高加工水平（深度加工）。

②多重编码（综合运用语义编码、形象编码、声音编码和动作编码等编码系统）。

③运用记忆术（运用联想的方法对无意义的材料赋予某些人为意义）。

④适当过度学习（过度学习：指在学习达到刚好成诵后的附加学习。学习程度达到150%时，记忆效果最好。因此，较为合适的过度学习量为50%左右）。

⑤合理复习（及时复习优于延后复习，分散复习好于集中复习）。

在本套书"普通心理学"部分"第六章 记忆"信息存储的条件与方法这一考点中有更为详细的介绍，建议大家结合学习。

知识点 2　概念的学习 ★

1. 概念的定义

概念是代表具有共同特征和属性的人、事、物、观念的符号。

2. 概念的结构

概念一般由名称、定义、属性和例证组成。

①**概念的名称**：概念一般由词汇表示，但并非所有词汇都是概念，当一个词所指代的是一类事物的属性时才能被称为概念。

②**概念的定义**：概念的定义是用一个或几个句子对概念所代表的某类事物的共同特征所进行的概括。

③**概念的属性**：又称**关键特征**，是一个概念的所有成员都具有的本质属性。概念的特征分为关键特征和无关特征。关键特征是所有概念成员所共享的特征，无关特征是部分概念成员所具有的特征。

④**概念的例证**：概念所反映的是某一类事物的共同属性，每一个概念成员都是这一概念的具体例证。概念的例子可分为正例和反例。

　a. **正例**：完全符合概念关键特征的例证。**正例最有利于概括**，可以防止概括不足和窄化范围。正例可分为原型和变式两种：原型是概念的最佳实例；变式是概念在无关特征方面有变化的正例。

>> TIPS ②
>> TIPS ③

　b. **反例**：不完全符合概念关键特征的例证。**反例最有利于辨别**，可以排除无关特征的干扰，防止过度概括和范围过宽。

>> TIPS ④

3. 概念的获得

概念的获得指理解和掌握同类事物共同的关键特征和本质属性的过程。概念的获得有两种基本方式。

①**概念形成**：通过直接观察一类事物找出这类事物共同的关键特征。

②**概念同化**：在已有概念的基础上，以定义的方式直接传授概念的特征。

4. 概念的学习方式

概念的教学可采取两种相应的方法：

①**概念接受学习**：对应于**概念同化**，遵循"规则—例子—规则"的程序。具体做法是先给学生一个定义，接着呈现几个正例（反例），然后分析这些例子是如何代表这一定义的。

②**概念发现学习**：对应于**概念形成**，遵循"例子—规则—例子"的程序。具体做法是先呈现例子，再引导学生根据概念的特征，不断

例如，大象、狮子、鲸、海豚等是"哺乳动物"这一概念的正例，都具有哺乳动物的本质特征（即"胎生"和"哺乳"）。

例如，大象、鲸都具有"胎生"和"哺乳"这两个共同特征，但它们在无关特征方面则各不相同，一个在陆地，一个在海洋。

①例如，企鹅、恐龙、蛇是"哺乳动物"这一概念的反例，不具有"胎生"和"哺乳"的本质特征。

②正例给出了概念的外延范围，传递的信息最有利于概括，为了便于学生从例子中概括出共同的特征，还包括许多的无关因素，这些无关因素能防止学生出现概括不足的情况，即把属于这个概念本身的成员排除在外。

③反例与概念本身非常相关，只是少了一个或者几个关键特征，这就可防止出现过度概括的情况，即把不属于概念本身的成员包含进来。

④一般先呈现正例后呈现反例。

修正推导出适合的概念，最后再呈现相关的例子，对概念加以巩固。

5. 概念教学注意事项

概念教学应注意以下事项。

①交代清楚概念的名称或别称。

②明确揭示概念的定义。

③突出有关特征，控制无关特征。

④适当运用正例和反例，提供变式和比较。

知识点 3 错误概念 ★★★

1. 错误概念的含义及其特点

学习者头脑中与现存的科学观念相违背的概念称为错误概念，或另类概念。错误概念具有**广泛性**、**隐蔽性**、**顽固性**等特点。

2. 概念转变及其过程

（1）概念转变的含义

概念转变是指个体原有的知识经验发生巨大转变的过程。**错误概念的转变**是新旧知识经验相互作用的集中体现，是新经验对已有经验的影响和改造。

（2）概念转变的过程

①认知冲突的引发

认知冲突是指人在原有观念与新经验之间出现对立性矛盾时，感受到的疑惑、紧张和不适的状态。

基于原有的知识经验，人可以对行为的结果做出预期，而行为的实际结果与人的预期却往往并不完全一致，面对出乎意料的情境，人就会产生认知冲突。

②认知冲突的解决

人不愿忍受认知冲突的压力，就会努力试图调整新旧知识经验，解决冲突以建立新的平衡。解决认知冲突有不同的途径。胡森提出了以下几种途径：

a. 径直地或者在经过认真分析之后拒绝新概念；

b. 通过三种可能的方式纳入新概念：

一是机械记忆；

二是概念更换，以新概念代替旧概念，并与其他观念相协调；

三是概念获取，将新概念与原有概念一起重新进行加工与整合，这意味着在原有知识背景中去理解新概念，新旧概念并不完全对立。

3. 概念转变的影响因素

（1）学习者的形式推理能力

为克服错误概念，学习者需要理解新的科学概念，意识到证明新概念有效性的证据,看到事实材料是如何支持科学概念而与原有错误概念冲突的。所有这些都依赖于学生的形式推理能力。

(2)学习者的先前知识经验

学习者先前知识经验的丰富程度、一致性和坚信度三个特征影响概念转变的可能性。

(3)学习者的元认知能力

学习者在新情境里,激活、联想起已有的知识经验,并试图对新旧经验进行对照、整合,只有在这种积极的认知活动中,学习者才能促进概念转变。

(4)学习者的动机以及对知识和学校的态度

概念转变会受到一些动机方面的因素的影响:

①目标取向:内在的、掌握型的学习目标更有利于学习者对信息的深层加工,更有利于概念转变的发生。

②自我效能感:它对概念转变的影响是双重的。一方面,对自己原有概念的自信可能会妨碍概念转变的发生;另一方面,自我效能感使学生相信自己能够改变原有的观点,运用策略对不同的观点进行整合,从而有利于概念转变。

③控制点:内控的学生相信自己能够支配自己的学习,面对新旧经验的不一致,他们可能会更积极地去解决。

④概念转变也受到学生态度的影响:积极的态度和兴趣会使学习者在学习中采用更有效的认知策略。

4. 概念转变的条件(由波斯纳提出) >> TIPS ⑤

①对原有概念的不满:只有感到自己的某个概念失去了作用,学习者才可能改变这一概念。

②新概念的可理解性:学习者需懂得新概念的真正含义,而不仅仅是字面的理解,他需要对新概念形成整体的理解和深层的表征。

③新概念的合理性:新概念与个体所接受的其他概念、信念是相互一致的,不存在什么冲突,它们可以一起被重新整合。

④新概念的有效性:学习者还需要看到新概念对自己的价值,即它能解决用其他概念难以解决的问题,并且能向个体展示新的可能和方向,具有启发意义。

5. 概念转变的方法

(1)创设开放的、相互接纳的课堂气氛

不管是对是错,学生都可以表达自己真正的想法,所有的见解都应该得到尊重,而不是对不同意的见解嗤之以鼻。

(2)倾听、洞察学生的经验世界

①教学开始时,教师保留自己或书本中的见解,先去了解学生

注意:以上四个条件都要同时满足。例如:一位学生本来认为鲸鱼是一种鱼,后来他发现书本上说鲸鱼不是鱼,他就想去弄清鲸鱼到底是不是鱼,这时这位学生就产生了对原有概念的不满;鲸鱼之所以不是鱼是因为鱼都是用鳃来呼吸的,只要弄清了鱼的定义,鲸鱼不是鱼这个概念就是可以理解的,也是合理的;然后这位学生也就可以理解鲸鱼为什么会跑到海面上喷水这个现象了,这里就说明这个新概念是有效的。

对当前主题的想法。

②教学过程中和教学结束时，教师需要不断地观察学生的想法有什么变化。比如采用一些开放的、具有揭示力的探测性问题，让学生在推论、预测中表现自己的想法。

（3）**引发认知冲突**

引发认知冲突是转变学生的错误概念的基本途径，它可以让学习者意识到与原有概念相对立的事实或观点。呈现对立性事实的基本方法是实验和观察。

（4）**创建"学习共同体"，鼓励学生交流讨论**

在认知冲突的情境中，教师要进一步引导学生去思考其中的问题。教师应该组织学生进行讨论，交流各自的看法，引发学生积极地思维活动，促进学生对问题的深层理解。

> **本节小结**
>
> 本节介绍了知识的理解与保持、概念的学习、错误概念。知识的理解又称知识的领会，本质是对知识的信息加工深度；概念学习是理解并获得概念的过程；错误概念指个体头脑中与科学概念相冲突的一些自发概念（源于日常经验）。实现错误概念的转变：一是要认知到原有概念与新概念的冲突（即对原有概念不满）；二是新概念要具有可理解性、合理性和有效性。

第三节　程序性知识的学习

知识点 1　心智技能的学习★

1. 心智技能的含义、分类及特征

①含义：心智技能又称**智慧技能或智力技能**，它是一种通过**内在语言**在头脑中进行的认知活动。

②分类：根据适用的范围不同，分为专门心智技能和一般心智技能。

a. **专门心智技能：** 是为某种专门的认知活动所必需的，也是在相应专门智力活动中形成发展和体现出来的，如默读、心算就是学生在学习活动中必须掌握的最基本的专门心智技能。

b. **一般心智技能：** 是指可以广泛应用于许多领域的心智技能，它是在多种专门心智技能的基础上经过概括化而形成发展起来的，如观察技能、分析技能等。

③特点：心智技能具有内潜性、简缩性、观念性的特征。

>> TIPS ①

记忆口诀："内缩观念"。

a. <u>内潜性</u>：学生已经觉察不到自己头脑中的内部操作过程，而只能觉察到内部活动的结果。

b. <u>简缩性</u>：在解决课题时，由"开展性推理"转化为"简缩性推理"。

c. <u>观念性</u>：操作的对象内化，更多的是在头脑中进行，而不是外部显现的物体或肌肉。

2. 心智技能的形成过程

（1）加里培林的五阶段理论

苏联心理学家加里培林认为，心智活动是通过实践活动"内化"而实现的，学生的心智活动是外部物质活动转化到知觉、表象和概念水平的结果，包含五个阶段。

①<u>活动定向阶段</u>：指学生在从事某种活动之前<u>了解做什么和怎么做</u>，从而在其头脑中构成对活动本身和活动结果的表象。

②<u>物质活动（物质化活动）阶段</u>：是借助<u>实物或模具</u>为支柱进行的心智活动的阶段。

③<u>有声的言语活动阶段</u>：指学生的学习活动借助<u>出声</u>的外部言语形式来进行的阶段。

④<u>无声的外部言语活动阶段</u>：在这个阶段，出声的言语活动向内部言语活动转化的开始，无声的外部言语活动是一种<u>不出声的外部言语活动</u>。

⑤<u>内部言语活动阶段</u>：是智力活动完成的最后阶段。在这一阶段，学生凭借简化了的内部言语，<u>不需要很多意识的参与</u>就能进行智力活动，具有简缩和自动化的特点。

（2）安德森的三阶段理论

①<u>认知阶段</u>：了解问题的结构，即问题的初始状态、要达到的目标状态、从初始状态到目标状态所需要的步骤，从而<u>形成最初的问题表征</u>。

②<u>联结阶段</u>：学生应用具体的方法来解决问题，主要表现在把某一领域的描述性知识"编辑"为程序性知识，包含"合成"和"程序化"两个子过程。

③<u>自动化阶段</u>：个体对特定的程序化知识进行深入加工和协调。

（3）冯忠良的三阶段理论

①<u>原型定向</u>：指了解心智活动的实践模式或原型活动的<u>结构</u>（如动作构成要素、动作执行次序和执行要求等）。

②<u>原型操作</u>：指学习者依据心智技能的实践模式，以外显的操作方式执行在头脑中应该建立的<u>活动程序和计划</u>。

TIPS 2
心智技能是学习者在不断的学习过程中，通过主客体的相互作用，将外部经验逐步内化而形成的。对于心智技能的形成过程，目前心理学界并没有统一的看法。

TIPS 3
例如，让小学生通过木棒演算学习加减法。

TIPS 4
例如，口头出声进行加减法运算。

TIPS 5
例如，学生以数字的声音表现、动觉表现为支柱进行加减运算。

TIPS 6
例如，脱口说出"1+1=2"。

③**原型内化**：指心智活动的实践模式向头脑内部转化。这时动作离开原型中的物质性客体及外显的形式转向**头脑内部**，最后达到活动方式的定型化、简缩化和自动化。

知识点 2 认知策略的学习★★

1. 学习策略的含义

学习策略指学习者为了提高学习的效果和效率，有目的、有意识地制定的有关学习过程的复杂方案，具有主动性、有效性、过程性和程序性等特征。

2. 学习策略的类型

迈克尔等人将学习策略分为**认知策略**、**元认知策略**、**资源管理策略**三类，如表5-2所示。

表5-2　学习策略的分类

认知策略	复述策略：重复、抄写、做记录、画线等
	精细加工策略：想象、口述、总结、做笔记、类比、答疑、生成性学习等
	组织策略：组块、选择要点、列提纲、画地图等
元认知策略	计划策略：设置目标、浏览、设疑（设置思考题等）
	监察策略：自我检查、集中注意力、监控领会
	调节策略：整阅读速度、重新阅读、复查、使用应试策略等
资源管理策略	时间管理策略：建立时间表、计划表等
	学习环境管理：寻找固定地点、安静地点、有组织的地点
	努力管理：合理归因、调整心境、自我谈话、自我强化
	学业求助管理：寻求教师或伙伴帮助、小组学习、获得个别指导

3. 认知策略

认知策略是加工信息的一些方法和技术，能使信息有效地从记忆中提取出来。认知策略可以分为注意策略、精细加工策略、复述策略与组织策略等。

（1）注意策略

①含义

注意策略是学习者学会与掌握将注意指向或集中在所需要的信息上的方法、技巧或规则。它指向学习活动的各个阶段，其主要作用是帮助学习者进行知觉意向，实行自我控制，促进有意义学习。

②常用策略

a. 明确告知学习目标；

b. 提示重难点；

TIPS 7

认知策略与学习策略密切相关但不等同，学习策略针对学习活动的整个过程，认知只是学习活动的一个部分或方面，学习的过程除了信息加工外，还有许多与信息加工有关的其它影响因素，因此，学习策略包含范围更广；另一方面，学习活动中的主要活动是对信息进行加工和处理，因此在学习活动中的认知策略实质上是学习策略的主要构成部分。

c. 增强材料的吸引力；

d. 恰当使用独特刺激。

（2）复述策略

①含义

复述策略是指在工作记忆中为了保持信息，运用内部语言在大脑中重现学习材料或刺激，以便将注意力维持在学习材料之上的策略。

②常用策略

a. 利用记忆规律：避免干扰、抑制（倒摄抑制和前摄抑制）和促进（倒摄促进和前摄促进）、首因效应和近因效应。

b. 合理复习：及时复习、集中复习和分散复习、整体学习和部分学习、自问自答或尝试背诵、过度学习。

c. 自动化：主要是通过操练和练习获得的。

d. 亲自参与：在学习完成某个知识时，让个体亲自参与这个知识的实践应用更有助于巩固知识，从多个方面灵活运用所学的内容，也是一种有效的复习方法。

e. 情境相似性和情绪生理状态相似性：相似的情境更有助于回忆。我们可以分别在不同的情境、不同的情绪或生理状态下进行复习，以求回忆时（如考试）的情境与情绪或生理状态，和复习时的情境与情绪或生理状态相似的可能性更大。

f. 心理倾向、态度和兴趣。

（3）精细加工策略

①含义

精细加工策略是通过把所学的新信息和已有的知识联系起来以增加新信息意义的策略。一个信息与其他信息联系得越多，能回忆出该信息原貌的途径就越多，提取的线索也就越多。

②常用策略

a. 记忆术：记忆术是一种通过给识记材料安排一定的联系以帮助记忆并提高记忆效果的方法。包括：**位置记忆法、首字联词法、谐音联想法、琴栓一单词法、关键词法、视觉想象。**

b. 灵活处理信息：主动对信息进行加工，如寻找信息之间的意义和逻辑，主动应用。包括：**意义识记、主动应用、利用背景知识。**

（4）组织策略

①含义

组织策略指整合所学新知识之间、新旧知识之间的内在联系，形成新的知识结构的策略。组织是学习和记忆新信息的重要手段，其方法是将学习材料分成一些小的单元，并把这些小的单元置于适当的类别中，从而使每项信息和其他信息联系在一起。

②常用策略

a.**列提纲**：列提纲是以简要的语言写下主要和次要观点，也就是以金字塔的形式呈现材料的要点，使每个具体的细节都包含在高水平的类别中。提纲就是一本书的主要脉络，直观、概括，具有条理性，层次分明，脉络清楚。

b.**做图解**：运用图解的方式来说明信息之间的内在关系，用连线和箭头等符号形象地显示组织结构。包括系统结构图、概念关系图和运用理论模型。

c.**做表格**：对于复杂的信息，采用各种形式的表格，如一览表和矩阵表，都可以对信息起到组织的作用，有利于形成信息的视觉化，能促进对信息的记忆和理解。

知识点 3 动作技能的学习★★★

1. 动作技能的含义及特征

（1）**含义**

动作技能又称运动技能和操作技能，是指由一系列的外部动作以合理的程序组成的**操作活动方式**，例如书写、体操、骑自行车等技能。

（2）**特点**

动作技能具有物质性、外显性、扩展性的特征。　>> TIPS ⑧

a.**物质性（客观性）**：操作对象是客观的物质性客体或肌肉。

b.**外显性**：操作动作的执行是通过外部显现的肌体运动实现的。

c.**扩展性（协调性）**：操作活动的每个动作必须切实执行，不能合并、省略，在结构上具有展开性。

记忆口诀："扩展外务（物）"。

（3）**动作技能与心智技能的关系**

技能是指经过练习而获得的合乎法则的认知活动或身体活动的动作方式，技能按其本身的性质和特点可以分为动作技能和心智技能，动作技能与心智技能既有区别又有联系。

①区别

a.**内涵不同**。动作技能表现为外部的肌肉骨骼的操作活动；心智技能表现为内潜的思维操作活动。

b.**特点不同**。动作技能具有客观性、外显性和展开性等特点；心智技能具有观念性、内潜性和简缩性等特点。

②联系

二者是相辅相成、相互制约、相互促进的。

a. 动作技能经常是心智技能形成的最初依据和外部体现的标志。心智技能的形成常常是在外部动作技能的基础上，逐步脱离外部动作而借助内部言语实现的。

b.心智技能往往又是外部动作技能的调节者和必要组成部分。复杂的动作技能往往包含认知成分，需要学习者智力活动的参与，手脑并用才能完成。

>> TIPS ⑨

2.动作技能的种类

（1）精细技能和粗大技能

①精细技能：主要局限在狭窄的空间内进行并要求较为精巧的协调动作，主要表现为腕关节和手指的运动。例如写字、弹钢琴、刺绣、雕刻等。

②粗大技能：指运用大肌肉，经常要涉及整个身体的运动技能。例如游泳、跑步、举重等。

（2）连贯技能和不连贯技能

①连贯技能：指以连续、不间断的方式完成一系列动作。例如骑车、游泳、打字等。

②不连贯技能：指具有可以直接感知的开端和终点，完成动作的时间相对短暂。例如挪动棋子、倒水、按电钮、投篮、射击、举重等。

（3）封闭技能和开放技能

①封闭技能：一种完全依赖内部肌肉反馈作为刺激指导的技能。例如跳水、自由体操、舞蹈、刷牙等。

②开放技能：又称开放环路技能，主要依赖于周围环境提供的信息。正确地感知周围环境成为运动调节的重要因素，它要求人们具有处理外界信息变化的能力和对事件发生的预见能力。例如踢足球、打排球、击剑、驾车等。

3.动作技能的形成阶段

（1）菲茨与波斯纳的三阶段模型

①认知阶段：在这一阶段，学习者首先要学习与动作技能有关的知识，在头脑中形成这种技能的初步表象。

②联系阶段：在这一阶段，学习者开始对各个独立的步骤进行整合或联系，以形成更大的单元。

③自动化阶段：在这一阶段，动作技能进入自动化阶段，学习者不需要刻意注意就能完成整套的动作。

（2）冯忠良的四阶段模型

①操作的定向：在这一阶段，学习者需要了解操作活动的结构与要求，在头脑中建立起操作活动的表象。

②操作的模仿：在这一阶段，学习者将头脑中的表象通过肢体再现出来。

TIPS ⑨

例如，在学生的学习活动中，不仅需要心智技能参与，也需要动作技能参与，常常是这两种技能的有机统一，即手脑并用。

③**操作的整合：** 在这一阶段，学习者会把在操作模仿阶段再现的动作固定下来，并使动作成分相结合成为**定型的、一体化**的动作。

④**操作的熟练：** 在这一阶段，整套动作达到完全的**自动化**，对变化的外界条件具有**适应性**。

4. 动作技能的培养

（1）指导与示范

在动作技能形成的认知阶段，教师需要帮助学生理解动作技能，明确学习任务，形成作业期望，并获得一定的完成任务的学习策略。

①掌握相关的知识：教师需要帮助学习者梳理必要的先前的知识；如果学习者先前的技能与新技能相矛盾，教师需要提供合适的任务，使学习者认识到技能之间的区别，避免干扰；为了帮助学习者记忆，可以将动作要领或程序编成歌诀。

②明确练习目的和要求：只有学生明确了所学技能的目的和要求，他们才能自觉地组织自己的行动来掌握这种技能。

③形成正确的动作映象：教师要通过自己的动作示范帮助学习者在头脑中形成正确的动作印象。

教师的示范要做到：

a. 动作示范与言语解释相结合；

b. 整体示范与分解示范相结合；

c. 示范动作要重复，动作速度要放慢；

d. 指导学生观察，并纠正学生的错误理解。

④获得一定的学习策略：教师可以通过演示、解说或播放有关录像的方法对学习者进行指导。

（2）必要而适当地练习

动作技能只有经过一定的练习才能形成，练习要注意以下几点：

①练习量

过度练习是必要的，但不是越多越好，要防止疲劳、错误定型。

②练习方式

采取何种练习方式也直接影响着操作技能的学习。根据分配时间的不同分为集中练习、分散练习；根据完整性的不同分为整体练习、部分练习；根据练习途径的不同分为模拟练习、实际练习、心理练习。

研究表明，对于一项连续性的操作任务而言，分散练习优于集中练习；而对于不连续的操作任务而言，集中练习的效果优于分散练习。

当操作任务不太复杂且各动作成分的内在组织性较强时，采用整体练习可以产生较好的效果。

当操作任务比较复杂且内在组织性较弱时，采用部分练习容易产生良好的效果。

将实际练习与心理练习、模拟练习相结合，可以有效地促进技能的形成、保持与迁移。

③练习中的高原现象

在学生动作技能的形成中，练习到一定阶段往往会出现进步暂时停顿的现象，称为**高原现象**。它表现为练习曲线保持在一定的水平而不再上升，或者甚至有所下降。

高原现象产生的原因主要有两个方面：

一是当练习成绩已经达到一定水平时，继续进步需要改变现有的活动结构和完成活动的方式方法，而代之以新的活动结构和完成活动的新的方式方法；

二是经过较长时间的练习，学生的练习兴趣有所下降，甚至产生厌倦情绪，或者身体疲劳等原因而导致练习成绩出现暂时停顿现象。

要**克服"高原现象"**，关键是教师要帮助学生寻找原因，对症下药，严格要求学生，改善练习方法和练习环境，利用学生对未来进步的憧憬，以增强他们努力的信心和学习的兴趣。

（3）充分而有效地反馈

一是内部反馈，即操作者自身提供的感觉系统的反馈；

二是外部反馈，即操作者自身以外的人和事给予的反馈。

采用何种反馈应依据任务的性质、学习者的学习进程而定。

（4）建立稳定清晰的动觉

动觉是复杂的内部运动知觉，它反映的是身体运动时各种肌肉活动的特性，如紧张、放松，而不是外部特性。

进行专门的动觉训练，可以提高动作的稳定性和清晰性，充分发挥动觉在操作技能学习中的作用。

> **本节小结**
>
> 本节介绍了心智技能的形成、认知策略的学习、动作技能的学习。关于心智技能形成的过程，加里培林的五阶段理论、安德森的三阶段理论和冯忠良的三阶段理论对此进行了解释。学习策略是增强学习的效果和提高学习的效率的一套规则系统，迈克尔把学习策略分为认知策略、元认知策略、资源管理策略。动作技能是一种操作活动方式，关于动作技能形成的阶段，有菲茨与波斯纳的三阶段模型、冯忠良的四阶段模型对此进行解释。

第四节 学习迁移

知识点 1 学习迁移的含义 ★

学习迁移是指在一种情境中对技能、知识和理解的获得或态度的形成对另一种情境中的技能、知识和理解的获得或态度的形成的影响,简单来说就是一种学习对另一种学习的影响。 》TIPS ①

例如:学会骑自行车,有助于学骑摩托车;学习了平面几何,有助于学习立体几何。"举一反三""闻一知十""触类旁通"是典型的迁移形式。

知识点 2 学习迁移的类型 ★★

1. 不同效果的迁移

①正迁移:指一种学习对另一种学习产生的影响是积极的。 》TIPS ②

例如,学习素描对以后学习油画有促进作用。

②负迁移:指一种学习对另一种学习的产生的影响是消极的。 》TIPS ③

例如,学会汉语拼音对学习英文国际音标有干扰。

③零迁移:指两种学习间不存在直接的相互影响。

2. 不同方向的迁移

①顺向迁移:指先前的学习对后续学习产生了影响。例如,学会骑自行车,更容易学骑摩托车。 》TIPS ④

例如,在物理中学习了"平衡"的概念,就会对以后学习化学平衡、生态平衡、经济平衡产生影响。

②逆向迁移:后续的学习对先前学习产生了影响,逆向迁移可以使原有的经验、知识结构得到充实、修正、重组或者重构等。 》TIPS ⑤

例如,学生掌握外语语法后,反过来对学习母语语法起干扰或抑制作用。

3. 不同范围的迁移

①非特殊迁移:又称一般迁移,指迁移产生的原因还不明确,可能是原理原则的迁移,也有可能是情感态度的迁移。 》TIPS ⑥

②特殊迁移:又称具体迁移,是某一领域或课题的学习直接对学习另一领域或课题所产生的影响。 》TIPS ⑦

例如,学习了金属的"热胀冷缩原理",再学习银(一种金属物质),就可以了解银的这一特征。

4. 不同程度的迁移

①近迁移:经验迁移所发生的情境与原本情境比较相似。 》TIPS ⑧

②远迁移:经验迁移所发生的情境与原本情境比较极不相似。 》TIPS ⑨

例如,学会写"石"这个字后,有助于学习"磊"这个字;理解了什么是"电子邮件"后,学习"电子信箱""电子阅览室"等概念会更高效。

5. 不同抽象和概括水平的迁移

加涅把正迁移分为横向迁移和纵向迁移。

①横向迁移:又称水平迁移,指处于同一抽象和概括水平的经验之间的相互影响。学习内容之间的逻辑关系是并列的。 》TIPS ⑩

②纵向迁移:又称垂直迁移,指处于不同抽象和概括水平的经验之间的相互影响。纵向迁移分为自下而上的迁移和自上而下的迁移两种。

a. 自下而上的迁移:下位的较低层次的经验影响着上位的较高

层次的经验的学习，是已有的较容易的学习对难度较高的学习的影响。此类迁移常见于 归纳式学习。　　　　　　　　　　>> TIPS ⑪

　　b. 自上而下的迁移：上位的较高层次的经验影响着下位的较低层次的经验的学习。　　　　　　　　　　　　　　>> TIPS ⑫

6. 不同意识水平的迁移

　①低通路迁移：指反复练习的技能最终 自动化 的过程，迁移时不需要或很少需要意识的参与。　　　　　　　　　>> TIPS ⑬

　②高通路迁移：指 有意识地 将在某一情境下习得的抽象知识运用到新的情境中。　　　　　　　　　　　　　　　>> TIPS ⑭

知识点 3　学习迁移的经典理论 ★★★

1. 形式训练说（最早的迁移理论）

（1）代表人物

沃尔夫 是形式训练说的代表人物。

（2）基本观点

形式训练说认为人具有各种各样的基本官能，通过训练可以使对应的官能得到发展，从而转移到其他学习中去。　>> TIPS ⑮

（3）评价

①按照形式训练说的观点，传递知识没有训练官能重要，知识的价值仅在于作为训练官能的材料。学校开设的学科不必重视其实用价值，关键是看其对官能的训练价值。形式训练说导致了学校教育忽视教学内容及其应用价值的不良倾向。

②美国心理学家 詹姆斯 最先对形式训练说进行了检验和批判。他通过实验证实，记忆能力并不受训练的影响，记忆的改善不在于记忆能力的改进，而在于记忆方法的改善。　　>> TIPS ⑯

2. 相同元素说（相同要素说）

（1）经典实验—"面积估计实验"（1901年，桑代克）

①实验被试：大学生。

②实验任务：训练大学生估计大小和形状不同的图形面积。

③实验过程：

a. 前测（预测）：让被试估计 127 个长方形、三角形、圆和不规则图形的面积。（目的：预测被试估计面积的一般能力）

b. 训练：让被试估计 90 个各种大小不同（10~100 cm²）的平行四边形面积，进行充分的练习，直到获得很大进步为止。（进行面积估计训练）

c. 后测：测验有两种，一种是让被试估计 13 个与训练图形相似的长方形的面积；另一种是让被试估计 27 个三角形、圆和不规则图

例如，在学校学习中，某些学科之间的迁移；学好数学有利于学习物理。

例如，把课堂上习得的知识经验迁移到实际生活中；在课堂上学会了利用气流原理制作风车的学生，把这种知识用来指引帆船在海上航行。

例如，学生掌握圆锥体的体积计算公式后，能推算出三棱锥、四棱锥的体积计算公式。

例如，学习牛、羊等概念对学习哺乳动物这一概念的影响。

例如，学习哺乳动物这一概念对学习牛、羊等概念的影响。

例如，一个会开轿车的人去开卡车。

例如，利用复述策略背英语。

例如，形式训练说认为，数学有利于训练推理能力，通过大量的数学练习，就可以使推理能力得到发展，进而在从事其他需要推理能力的事情时就会提高效率。

形的面积，这 27 个图形是在预测中使用过的。

④实验结果：通过平行四边形训练，被试对长方形面积的判断成绩提高了，但对三角形、圆和不规则图形的判断成绩没有提高。

⑤实验结论：迁移产生的原因是训练课题与迁移课题之间**具有共同的要素**。练习任务与测验任务越接近，测验任务的成绩越好。

（2）基本观点

相同元素说认为只有在**新旧学习情境具有相同要素时**，迁移才可能发生。

武德沃斯后来把相同元素说改为共同成分说，认为两种情境中有共同成分时可以产生迁移。

3. 概括化理论（经验类化理论）

（1）经典实验——"水下打靶实验"（1908 年，贾德）

①实验被试：小学五、六年级学生。

②实验过程：

a. 被试分成 A、B 两组，练习用标枪投中水下的靶子。实验前，对 A 组先教以"光学折射原理（见图 5-1）"而后进行练习，B 组则只进行练习、尝试，而不教原理。

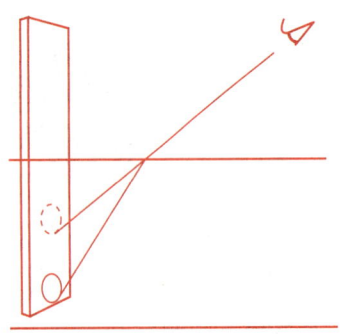

图 5-1　光学折射原理

b. 在开始投掷练习时，靶子置于水下 12 英寸（1 英寸 =2.54 厘米）处，两组学生成绩相当（这是由于在开始测验时，所有学生都必须学会运用标枪，理论的说明不能代替练习）。

c. 当把水下 12 英寸处的靶子移到水下 4 英寸时，两组的差异就明显地表现出来了。B 组学生不能运用水下 12 英寸的投掷经验，来改进靶子位于水下 4 英寸处的投掷练习，错误持续发生。而学过光学折射原理的 A 组学生，则能迅速地适应水下 4 英寸的学习情境，学得快，投得准。

③实验结论：经过原理学习训练的学生对不同深度的目标可以作出更适当的调整，将光学折射原理概括化，并运用到特殊情境中去。就是说，学习者在 A 活动的学习中获得的一般原理、原则可以

TIPS 16

詹姆斯的"记忆训练实验"

实验被试：詹姆斯与四个学生。

实验程序：

①背诵长诗《森林女神》中的前面部分，每天诵读 20 分钟，直到完全能背诵下来，一共训练了 38 次。

②背诵长诗《森林女神》中相同长度的后面部分，把记忆所需时间记录下来。

实验结果：比较未受过记忆训练和受过记忆训练的成绩，3 人后者成绩优于前者，2 人并未改善。

实验结论：詹姆斯认为，记忆不受训练的影响，记忆的改善不在于记忆能力的改善，而在于记忆方法的改善。训练并不能促进迁移。

评价：詹姆斯的实验虽然比较粗糙，但它为后来严谨的迁移实验研究开辟了道路。在他之后，许多心理学家纷纷设计了更为严密的迁移实验，进行了深入研究。其中心理学家桑代克和武德沃斯的研究得到了普遍重视。桑代克和武德沃斯在批判形式训练说的过程中，提出了相同元素说。

部分地或全部地运用到 B 活动的学习中。

（2）基本观点　　　　　　　　　　　　　>> TIPS ⑰

贾德用水下打靶实验说明了原理、概括化的经验在迁移中的作用。原理和概括化的经验是迁移发生的关键，对原理学习得越透彻（概括化水平越高），对新情境的适应性就越强，迁移就越好。

表 5-3　被试击中靶子所需的练习次数

	水深 6 英寸	水深 2 英寸	迁移的进步 /%
A 组机械学习	9.10	6.03	34
B 组学习光学折射原理	8.50	5.37	37
C 组学习光学折射原理和深浅比例	7.73	4.63	40

4. 关系转换说（关系理论）

（1）经典实验——"小鸡觅食实验"（1919 年，苛勒）

①实验被试：小鸡。

②实验过程：

a. 先训练小鸡在两种深浅不同的灰色纸下寻找食物，让小鸡形成对深灰色纸和浅灰色纸的分化性条件反射。多次训练后，小鸡学会从深灰色纸下面取得食物，即对深灰色纸产生食物性条件反射，对浅灰色纸没有。

b. 变换情境，保留原来的深灰色纸，用黑色纸取代浅灰色纸（见图 5-2），把食物放在深灰色纸下，观察小鸡从哪个纸下面找食物。

图 5-2　苛勒的"小鸡觅食实验"

c. 苛勒认为，如果小鸡到以前总放着食物的那一张纸下找食物，就证明迁移发生是由于相同要素；如果到两个中颜色更深的那张纸（即黑色纸）下找食物，就证明迁移不是对相同要素的反应，而是对关系的反应。

③实验结果：70% 的小鸡到黑色纸下寻找食物，只有 30% 的小鸡仍啄原来的深灰色纸。（对三岁幼儿作类似的取糖果实验，结果 100% 的孩子都到新的黑色纸下取糖果。）

④实验结论：小鸡迁移时不是比较刺激物的绝对性质，即不是根据情境的相同要素进行反应，而是比较事物间的相对关系，把在前一情境中学会的关系——食物总是在颜色较深的纸下面，迁移到后一情境中。对事物关系的顿悟是迁移产生的机制。

TIPS ⑰

亨德里克森对贾德实验的进一步改进如下。①实验过程：被试被分成 A、B、C 三组。A 组不加任何的原理指导；B 组学习光学折射原理，知道水、陆之间物体的位置有折光差异，目标不在眼睛所见的位置；C 组则进一步加以指导，给他们解释水越深目标所在位置离眼睛所见的位置越远。第一次实验时靶子位于水深 6 英寸处，第二次实验时靶子位于水深 2 英寸处。

②实验结果：被试击中靶子所需的练习次数如表 5-3 所示。

③实验结论：不仅进一步证实贾德的理论，而且指出，概括化不是一个自动的过程，它与教学方法有密不可分的关系，如果在教学方法上注意如何概括、如何思维，就会增加正迁移出现的可能性。

（2）基本观点

①格式塔学派从理解事物关系的角度对经验类化理论进行了重新解释。该学派认为，**事物间关系的顿悟是迁移产生的决定因素**。

②格式塔心理学家强调行为和经验的整体性，认为习得的经验能否迁移，并不取决于是否存在某些共同的要素，也不取决于是否孤立地掌握原理，而是取决于**能否理解各要素间形成的整体关系，能否理解原理与实际事物之间的关系**。对情境中一切关系的理解和顿悟是获得迁移的最根本要素和真正手段。 》 TIPS ⑱

表5-4　四个经典迁移理论的对比

迁移理论	关键	核心观点
形式训练说	对官能的训练	学习迁移就是心理官能得到训练而发展的结果
相同元素说	客观刺激间有无相同元素的存在	学习迁移取决于两种情境中所具有的共同要素
概括化理论	已有的知识经验的概括	学习迁移全在于主体的概括能力或水平
关系转换说	对概括化理论的补充	主体越能觉察和理解事物之间的关系，概括化的可能性就越大，也越容易发生迁移
评价		碍于当时研究手段的落后、研究范围的狭窄以及缺乏其他相关学科的新观念的影响，这些早期的迁移理论对迁移的研究无实质性的进展。随着认知科学与信息加工理论的产生与发展，研究者试图用认知的观点与术语来解释、研究迁移问题，并提出了一些新的迁移理论

5. 奥斯古德的三维迁移模型（迁移的逆向曲面模型）

奥斯古德在总结了大量迁移实验材料的基础上，提出了迁移的三维模式，也被称为迁移和逆迁移曲面。这个理论表明了刺激或学习材料的相似程度和反应的相似性程度与迁移之间的关系。当先后两个学习活动刺激相同，反应也相同时，可以产生最大的正迁移；当刺激相同，反应为对抗时，可以产生最大的负迁移；当无关刺激与对抗反应时产生零迁移。

6. 能力论

能力论把迁移解释为能力的增加。迁移的发生依赖于新学习中需要什么能力和旧经验中已学到什么能力。两者重叠越多，迁移效果越好。

7. 鲁宾斯坦的分析–概括说

鲁宾斯坦从迁移过程入手，探讨了迁移中所涉及的认知问题。迁移发生的内在机制是对两课题的分析和概括，鲁宾斯坦认为**概括是迁移的基础**，要迁移得以实现，必须首先把两课题相互联系起来，使之包括在一个统一的分析和综合过程中。

8. 布鲁纳的迁移观

①布鲁纳认为，学习是类别及其编码系统的形成。迁移就是把

TIPS ⑱

"关系转换说"认为与前几个迁移理论不同，关系转换说更加强调学习者个体的作用。苛勒对迁移的研究和贾德的观点不谋而合，他们都认为对事物的内在组织的理解是迁移的基础，即理解力越强，对总的情境的知觉就越完善，概括化的可能性也越大。四个经典迁移理论的对比如表5-4所示。

习得的编码系统用于新的事例中。

②正迁移是适当的编码系统应用于新的事例；负迁移则是把习得的编码系统错误地应用于新事例。

③迁移分为两类：

·特殊迁移：指将从一种学习中习得的具体的、特殊的经验直接迁移到另一种学习中去，主要包括动作技能和机械学习的迁移。

·一般迁移：指基本概念、基本原理、基本方法和基本态度的迁移。布鲁纳认为，一般迁移是教育过程的核心。

9. 罗耶的认知迁移理论

（1）两个基本假设

①人类记忆是一种高度结构化的存储系统，人类是以一种系统方式存储和提取信息的。

②知识结构的"丰富性"并非始终一致的。丰富性是指知识结构内各个单元（如结点、命题等）之间交互联结的数量。

（2）一个前提

领会是学习的必要不充分条件。因此，该理论认为，迁移的可能性取决于记忆搜索过程中遇到相关信息或技能的可能性。这样，教育问题就成了如何增加学生在面临现实生活问题时提取到课堂学习中习得的相关材料的可能性问题。任何增加交互联结网络的丰富性的教育方法，都有助于增加迁移的可能性。

10. 哈洛的学习定势说

①该学说认为，先前学习对后继同类或相似课题学习的影响，是由先前学习中所形成的学习定势造成的。

②实验基础—猴子问题解决实验（1949年，哈洛）：哈洛对猴子进行辨别训练，在猴子面前呈现两个物体，如立方体和立体三角形，在立方体下面藏着葡萄干（强化物）。几次尝试后，猴子很快知道葡萄干藏在立方体下面。之后，立即呈现另一个类似的问题，如两个物体均为立方体，但颜色不同，一个白色，一个黑色。猴子必须进行新的学习以解决这个新的辨别问题，习得之后，再呈现一个新的辨别问题，如此继续多次。结果发现，猴子解决问题的速度越来越快。这说明，猴子已经获得了解决问题的学习定势。

知识点 4　学习迁移的现代理论 ★

二十世纪六七十年代，随着认知科学与信息加工理论的产生与发展，现代认知心理学兴起并渗透到心理学各领域，这一时期被许多新的学习迁移理论提出了。其中最具代表性的是奥苏伯尔的认知结构迁移理论和安德森的产生式迁移理论。

1. 奥苏伯尔的认知结构迁移理论

认知结构迁移理论是奥苏伯尔根据他的**有意义学习理论**发展而来的。

（1）迁移的产生

①奥苏伯尔认为，**认知结构是影响迁移的关键因素**。在有意义学习中，学生积极主动地使新知识与认知结构中有关的旧知识发生相互作用，利用旧知识理解新知识，结果旧知识得到充实或改造，新知识获得了实际意义。这个过程实际上是**陈述性知识迁移的过程**。

②奥苏伯尔认为，认知结构的加强能促进新知识的学习与保持，教学目标就是使学生形成良好的认知结构。

（2）迁移的影响因素

奥苏伯尔认为，原有认知结构的可利用性、可辨别性和稳定性会影响新的学习。

①**可利用性**：认知结构中是否具有能够同化新知识的、能够起适当固定作用的、概括性和包容性更强的先前经验。

②**可辨别性**：认知结构中的先前经验各成分之间及其新旧经验之间能够清晰分辨的程度。分辨程度越高，越有助于迁移并避免因新旧知识混淆而带来的干扰。

③**稳定性**：认知结构中的先前经验是否被牢固掌握。原有知识越巩固稳定，越有助于迁移。

（3）迁移的促进：设计"先行组织者"

①根据迁移的影响因素，奥苏伯尔提出，**设计适当的"先行组织者（先行材料）"** 来影响认知结构变量，进而促进迁移，这是一种重要的教学策略。

②**先行组织者**：指在教学之前呈献给学生一段引导性材料。当学生原有认知结构中没有同化新的学习内容的观念时，需要让学生先来学习适合的先行组织者，之后学生使用先行组织者同化新的学习内容。

>> TIPS ⑲

2. 霍利约克的符号性图式理论

①霍利约克认为当原有的表征与新的表征相同或相似时，即产生迁移。**图式匹配或表征相同**是迁移的决定因素。

②为了产生迁移，学习者必须获得充分的一般性符号图式，必须能将不同事物的特征匹配到已有的符号图式中。

3. 安德森的产生式迁移理论

（1）实验基础

①实验被试：打字熟练的秘书人员。

②实验过程：被试分为三组，A组在学习EMACS编辑程序之

TIPS ⑲

"先行组织者"促进迁移的实验基础（1961年，奥苏伯尔）。

实验过程：

①前测：让被试学习基督教知识，进行测验。根据测验成绩将被试分为中上和中下水平。

然后分成A、B、C三个等组（每组包含中上、中下水平的被试各半）。

②学习过程：A组在学习佛教材料前，先学习一个比较性组织者（指出佛教和基督教异同的材料）；B组在学习佛教材料前，先学习一个陈述性组织者（介绍一些佛教观念的材料，其抽象水平与要学习的材料相同）；C组在学习佛教材料前，先学习一个有关佛教历史和传记的材料。

③后测：在实验开始后的第三天、第十天分别进行记忆保持测验，记录成绩。

实验结果：

①原先对基督教知识掌握较好（中上水平）的被试，在学习佛教知识后测试成绩均优，这说明原有知识掌握得较好，有助于新知识的学习与迁移；

②A组、B组的组内成绩差异比C组小，A组、B组的中下水平被试的成绩也比C组的好。这说明，先行组织者对新知识的学习与迁移有促进作用，它可以缩小原有的成绩差距，对原有知识掌握不牢的学生帮助更大。

前，先根据已经做好标记的文本练习打字（打字与 EMACS 编辑程序的操作的产生式重叠较少）；B 组先练习另一种编辑程序，后练习 EMACS 编辑程序；C 组为控制组，从头至尾一直学习 EMACS 编辑程序。实验共进行了 6 天，被试每天练习或学习 3 个小时，记录被试每天的成绩。

③实验结果：A 组被试前四天练习打字、后两天练习 EMACS 编辑程序，其成绩与 C 组被试前两天的相似（说明打字对 EMACS 编辑程序的学习未产生迁移）；B 组被试前两天练习另一种编辑程序、后两天练习 EMACS 编辑程序，其成绩明显好于 A 组（说明前两天编辑程序的练习对 EMACS 编辑程序的学习产生了显著的迁移。安德森认为，打字和 EMACS 编辑程序之间没有共同的产生式规则，而两种编辑程序之间却存在很多相同的产生式规则，因此 A 组与 B 组的迁移效果存在巨大差异）；C 组被试前四天成绩显著进步，第五天起相对稳定。

④实验结论：说明两种编辑程序之间的共同产生式发挥了作用。

（2）基本观点

①产生式迁移理论是安德森研究认知技能迁移时提出来的。

②安德森和辛格莱认为，学习和问题解决的迁移，是由于在先前学习或原问题解决中，个体所学会的产生式规则与目标问题解决所需要的产生式规则具有一定程度的重叠。

③产生式是认知的基本成分，一个产生式法则包括一种条件表征和一种动作表征。条件表征用于表征识别情境中的特征模式，动作表征用于当条件被激活时建构信息的模式。

④个体在学习任务中所形成的表征是产生式法则的集合，若两个表征含有相同的产生式或相似产生式的交叉重叠，则可以产生迁移，重叠越多，迁移量越大。产生式是决定迁移的一种共同要素，但是这种共同要素更侧重认知成分。

表 5-5　相同元素说 VS 产生式迁移理论

异同	相同元素说	产生式迁移理论
相同点	都强调共同成分在迁移中的作用	
不同点	强调外部刺激和外部反应的联结	强调头脑中的认知成分

TIPS 20

相同元素说 VS 产生式迁移理论如表 5-5 所示。

4. 金特纳的结构匹配理论

①金特纳认为迁移主要是通过类比产生的，他假定迁移过程中存在着一个表征匹配的过程。

②表征包括事件的结构特征、内在关系与联系等，若两表征匹配，则可以产生迁移。其中，事件的结构特征或本质的关键特征的匹配在迁移过程中起决定作用。

5. 格林诺的情境性理论

①格林诺认为，迁移问题主要是说明在一种情境中学习去参与某种活动，将如何影响在不同情境中参与另一种活动的能力。

②学习是个体与环境中事件的相互作用，是对情境所具有的特征的一种适应。通过相互作用而形成的是动作图式，该图式是活动的组织原则，而不是符号性的认知表征。

③迁移就在于如何<u>以相同的活动结构或动作图式来适应不同的环境</u>。

知识点 5 学习迁移的促进 ★★

1. 学习迁移的影响因素

（1）个人因素（主观因素）

①**智力**：智力对迁移的质和量都有重要的作用。

②**年龄**：不同年龄的个体处于不同的思维发展阶段，引起迁移的条件和机制有所不同。

③**认知结构**：认知结构是由个体的知识经验组成的心理结构，认知结构的质量高低影响迁移的发生。

④**对学校和学习的态度**：对学校和学习的态度的好坏（如积极或消极）也影响迁移。

⑤**心向或定势**：心向是一种心理准备状态，当个体具有利用已有知识与获得新知识的心理准备状态时，能够促进迁移；定势是一种特殊的心理准备状态，它<u>既能促进迁移，又能阻碍迁移</u>。

（2）客观因素

①**学习材料的特性**：学习的知识、技能之间是否具有共同的成分和要素，以及学习材料的组织结构及其逻辑层次的实用价值。

②**教师的指导**：教师有意识的引导和启发，能够促进迁移。

③**学习情境的相似性**：学习的场所、环境的布置，以及学习或测试时的人员配置等越相似，越有利于迁移，迁移发生越容易。

④**迁移的媒体**：有时需要借助于一定的媒体才能使两个学习之间产生迁移，因此，选择正确的媒体对迁移十分重要。

2. 学习迁移的促进

①**整合学科内容**：教师应注意各门学科之间的横向联系，这将有利于加强学生的横向迁移。

②**加强知识联系**：教师应注重简单与复杂知识技能以及新旧知识之间的联系，这将有利于学生的纵向迁移。

③**强调概括总结**：教师应在教学中注意启发学生对学过的内容进行概括总结，这将有利于学生充分利用所学原理原则进行迁移。

④**重视学习策略**：教师应有意识地教给学生一些认知策略或元认知策略，这将有利于学生学会如何学习，进而促进学习内容的迁移。

⑤**培养迁移意识**：培养迁移意识将有利于学生在学习过程中主动去迁移，从而提高学习效率。

> **本节小结**
>
> 本节介绍了学习迁移的类型、学习迁移的经典理论、学习迁移的现代理论和学习迁移的促进。根据不同的标准，可将学习迁移分为不同类型。以认知心理学诞生为分界点，认知心理学诞生之前所提出的学习迁移理论称为经典理论，其中前四个理论最为经典，分别是沃尔夫的形式训练说、桑代克的相同元素说、贾德的概括化理论和苛勒的关系转换说；认知心理学诞生之后的学习迁移理论称为现代理论，其中最具代表性的是奥苏伯尔的认知结构迁移理论和安德森的产生式迁移理论。最后，学习迁移的影响条件与促进与两方面因素有关：一是个体主观因素；二是外界客观因素；在教学中可以结合各种方法促进学习迁移。

名词总结

知识的表征	概念	命题	表象
图式	产生式	陈述性知识	程序性知识
显性知识	隐性知识	感性知识	理性知识
具体知识	抽象知识	结构良好领域的知识	
结构不良领域的知识		知识的理解	正例
反例	变式	概念的获得	概念形成
概念同化	概念接受学习	概念发现学习	原理
错误概念	概念转变	心智技能	学习策略
认知策略	学习迁移	正迁移	负迁移
零迁移	顺向迁移	逆向迁移	一般迁移
具体迁移	近迁移	远迁移	自迁移
横向迁移	纵向迁移	自下而上的迁移	
自上而下的迁移	低通路迁移	高通路迁移	形式训练说
相同元素说	概括化理论	关系转换说	

第六章 社会规范的学习

知识导读

本章首先介绍了社会规范及其类型，然后介绍了社会规范学习的过程与条件，最后介绍了态度与品德的培养。

本章属于312科目研究生招生考试大纲新增内容，在考试当中涉及较少，考生了解即可。

知识地图

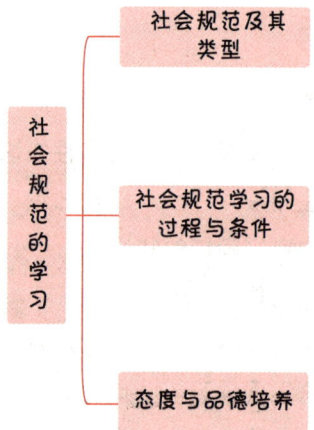

知识精讲

第一节 社会规范及其类型

知识点 1　社会规范的含义 ★

>> TIPS ①

社会规范是社会组织为了控制社会秩序、维护社会稳定，用来调节其成员社会行为的标准、准则或规则；社会规范是个体社会行为的价值标准，用来衡量并判断个体行为的社会意义，它同时包括社会群体成员可接受或不可接受行为的各项文化价值标准。

TIPS ①

法律、道德、习俗、风尚、团体规范、组织章程、学习纪律、操作规范、游戏规则、家庭生活规范等，都是社会规范的不同形式。

知识点 2　社会规范的类型 ★

1. 按规范内容来划分

①思想规范：指社会组织对其成员的思想认识的要求，如看问题的立场、观点与方法等。

②政治规范：指社会组织对其成员的政治要求和准则，如政治制度等。

③法律规范：指社会组织对其成员的法律行为要求，如国家宪法等。

④道德规范：指社会组织对其成员伦理行为的要求，如伦理准则等。

⑤生活规范：指社会组织对其成员日常生活的要求，如日常生活习惯等。

⑥工作规范：指社会组织对其成员的工作行为的要求，如工作纪律等。

⑦学习规范：指社会组织对其成员学习行为的要求，如学习纪律等。

2. 按规范的适用范围划分

①大群体规范：指在世界、民族、国家等大型社会群体内使用的规范，如国际法等。

②小群体规范：指在小群体内使用的规范，如学校的校纪、校规等。

3. 按规范的推行方式划分

①强制性推行的规范：是靠一定的社会组织强制社会成员执行的，如法律规范。

②非强制性推行的规范：不通过强制手段强迫社会成员执行，而是通过社会舆论等方式监督社会成员执行，如道德规范等。

4. 按规范的明确性划分

①成文的规范：有明确的文字和语言表达形式，如法律条文等。

②不成文的规范：没有明确的文字和语言形式，如风俗习惯等。

> **本节小结**
> 本节介绍了社会规范的含义与类型。社会规范是对人们社会行为活动的规定；根据不同的划分标准，社会规范有不同的类型。

第二节　社会规范学习的过程与条件

知识点 1　社会规范学习的过程与条件 ★

社会规范的学习是指个体逐步积累社会行为标准、规则，并将其内化为个人意识，从而约束人的行为。

从总体上来说，态度、纪律和品德的发展过程都是内化社会或群体规范的过程，这一过程是逐步完成的，大致经历了遵从、认同和内化三个阶段。

1. 社会规范的遵从

（1）社会规范遵从的含义

社会规范的遵从一般指行为主体在对别人或团体提出的某种行为要求的依据或必要性缺乏认识，甚至有抵触的认识和情绪时，既不违背，也不反抗，仍然遵照执行的一种现象。

（2）社会规范遵从类型

遵从现象可以分为从众与服从两种类型。

①从众：指主体对于某种行为要求的依据或必要性缺乏认识与体验而跟随他人行动的现象。

②服从：指主体对于某种行为本身的必要性缺乏认识甚至有抵触时，由于某种权威的命令或现实的压力，仍然遵从这种行为要求的现象。

（3）社会规范遵从特点

遵从是规范内化的初级阶段，也是进一步内化的基础，具有一定的盲目性、被动性、工具性和情境性。

（4）影响社会规范遵从的因素

①群体特征的影响：导致社会规范遵从的群体特征主要包括群体规范、群体舆论和群体凝聚力等。

a. 一个群体的规范越标准、越集中、越明确，群体成员对社会规范的认同感就越高。

b. 当个体的行为超出了群体规范所允许的范围时，人们就会谴责他，个体为避免受谴责而遵从社会规范。

c. 群体凝聚力是指群体使其成员在群体内活动并拒绝离开群体的吸引力。

②外界压力的影响：外界压力是诱发个体遵从社会规范的主要外因。外界压力有直接的外部压力也有间接的外部压力。直接的外部压力即一般的奖励与惩罚。间接的外部压力是一种情境压力，指当个体处于一个井然有序、循规蹈矩的情境中时所产生的很难不服从的潜在压力。

③个性特征的影响：一般说来，缺乏主见、独立性差、场依存型认知方式的人，更容易表现出遵从。另外，不同国籍和种族的人，其文化背景不同，遵从性也不同。

2. 社会规范的认同

（1）社会规范认同的含义

社会规范的认同指行为主体在认识、情感和行为上与社会规范趋于一致，从而产生自愿对规范的遵从现象。

（2）社会规范认同的类型

①榜样认同：指个体出于对某人或某团体（可以称为示范者或榜样）的崇拜、仰慕等所产生的趋同心理，从而认同了榜样的示范行为，并将其作为一种行为规范认同接纳的现象。

②价值认同：指个体出于对规范本身的含义及规范执行的必要性的认识而发生的对规范的认可、接受并按照规范行动的现象。

（3）社会规范认同的特点

认同作为社会规范学习的过渡阶段，表现出不同于社会规范遵从阶段的特点，表现为社会规范认同的自觉性、主动性、稳定性。

（4）影响社会规范认同的因素

①榜样的特点：榜样是主体认同的对象，是主体心中的范例，是主体认为值得学习的好人或好事。只有能够引起主体注意，激起主体认同需求和趋同情感的人或事，才能成为榜样。

②规范本身的特性：主体产生价值认同的前提是能认识到规范本身的含义和价值，所以规范本身的特性同样会影响到主体对社会规范的认同。社会规范的抽象性程度、实践意义和使用频率是影响主体价值认同的主要因素。

③强化方式：强化方式对社会规范认同产生影响。如果认同行为受到奖励，会促进社会规范认同；如果认同行为受到惩罚，则会降低社会规范认同。

3. 社会规范的内化

（1）社会规范内化含义

社会规范的内化是社会规范接受的高级水平，是品德形成的最高阶段，它是指主体随着对社会规范的概括化与系统化，以及对规范体验的逐步累积与深化，最终形成一种价值信念作为个体规范行为的驱动力。

（2）社会规范内化特点

社会规范的内化行为是一种高水平的接受和遵从态度，因而具有高度的自觉性、主动性以及坚定性。

（3）影响社会规范内化的因素

①对规范价值的认知：对规范价值的认知是在对规范的实践后果进行伦理学判断的基础上产生的关于规范行为的是非、善恶、美丑的价值判断。个体的认知能力、社会实践机会、社会阅历、立场、

态度以及所处的历史条件或情境都会直接影响其对规范价值的认知。

②**对规范价值的情感体验**：对规范价值的情感体验是主体对规范价值的社会意义和作用的一种唤醒或激活状态的反馈感受，这种感受是主体规范学习的内部动力。对规范价值的情感体验既表现在自我强化着自身的规范行为，也表现在间接强化着他人的规范学习。

> **本节小结**
> 本节主要介绍了社会规范学习的过程与条件，社会规范学习的过程经历了遵从、认同和内化三个阶段。

第三节　态度与品德的培养

知识点 1　态度的形成与改变 ★

此知识点在社会心理学有详细介绍，此处就不再赘述。

知识点 2　品德的发展与培养 ★

1. 品德的含义

品德指个人依据一定的道德行为准则行动时所形成和表现出来的某些**稳固的特征**。品德是一种个体心理现象，是**社会道德在个体身上的反映**。

2. 品德的心理结构

（1）**道德认知**

道德认知是对行动准则的善恶及其意义的认识，既包含对一定道德知识（如道德概念与道德行为准则等）的领会，也包括将这些知识变成自己的行动指南和信念，并以此来评价自己和别人的道德行为。　　》 TIPS ①

例如，苏格拉底提出"美德即知识"、荀子提出"君子博学而日参省乎，则知明而行无过矣"，只有"知明"，才能做到"行无过"，强调了道德认识对于道德行为的指导作用。

（2）**道德情感**

道德情感是伴随道德认知的，是对道德需要是否得到实现所产生的一种内心体验。道德情感与道德信念紧密联系，道德情感与道德认知往往结合在一起，构成人的道德动机。　　》 TIPS ②

（3）**道德行为**

道德行为是道德动机的具体表现与外部标志，也是实现道德动机的手段。

3. 影响品德形成的因素

（1）影响品德形成的**外部因素**

①**家庭环境因素**

客观因素方面：父母之间感情破裂而导致的分居或离婚对子女

例如，孔子提出"仁者爱人"，就是强调了道德情感在品德中的核心地位。

品德的发展有严重的不良影响，家庭主要社会关系也有影响；家长职业类型与文化程度对子女的品德有明显的影响。

主观因素方面：家长的品德；家长对子女的教养态度及期望；家长作风和家庭气氛。

②学校集体因素

包括班集体的影响、学校德育的影响、教师的领导方式、集体舆论、校风和班风、校园文化的影响等。

③社会化

品德的形成和发展是在社会化的过程中进行的，社会文化不断塑造个体的品德。

（2）影响品德形成的内部因素

①道德认识：人的行为总是受人的认识的支配，人的道德行为也受到人的道德认识的制约。

②个性品质：个性倾向性的不同成分对品德发展的作用有不同的表现形式；各种稳固的品德特征与能力、气质、性格等个性心理特征的影响也是分不开的。

③适应能力：个体的品德在角色的变化与不断适应中被社会所塑造。

4. 品德的培养

（1）道德认知的培养

道德认知是品德结构中的引导性要素。德育必须使学生对基本的道德观念、道德准则形成正确的理解，并提高学生的道德分析判断能力。

①言语说服

教师经常要通过言语讲解和说服来使学生理解和接受一定的道德观念与道德准则（社会规范）。下面是一些进行有效说服的技巧：

a. 单面论据与双面论据

对低年级的学生可以只提供正面证据，对高年级学生则可以同时提供正反两方面的论述；

从说服的任务和效果看，正面的观点和材料能在短时间见效，解决当务之急，而同时提供正反两方面的论据和资料则更有利于培养学生长期稳定的态度。

b. 以理服人与以情动人

在向学生说明某种道理时，有时教师需要以理服人，即用严密、条理的论证来说明；有时教师需要以情动人，即在说明中带有强烈的情绪色彩来打动学生。

一般这种带情绪色彩的说服的效果立竿见影，但影响往往不能持久；对于低年级学生以情动人更有效，对于高年级学生以理服人更有效。

②小组道德讨论

小组道德讨论就是让学生在小组中就某个有关道德的典型事件进行讨论，以提高他们的道德判断水平。如科尔伯格的道德两难故事。

在小组讨论中，教师具有重要作用，教师应该了解学生道德发展的有关理论，能启发学生积极地思考，做出判断，进行交流辩论。教师也要鼓励学生考虑其他人的意见，协调彼此之间的分歧。

③道德概念分析

这种方法集中分析作为道德思维组成部分的一些最一般的概念或观念，一个道德概念可能是一种具体活动的名称，如说谎或遵守诺言，也可以是一种比较一般的概念，如友谊、义务或良心。

运用这种方法，首先要给概念提供一个具体的情境；接下来对各种引入误解的陈述进行讨论；最后用进一步讨论使学生对概念的理解更加精确。

（2）道德情感的培养

①移情能力的培养

a.表情识别：通过对方的表情来判断对方的态度、需求和情绪、情感体验，这可以通过照片、图片等来训练。

b.情境理解：理解当事人的处境，从他的处境去感受他的情绪体验，考虑他需要的帮助。这可以采用故事讨论的形式，让学生分析故事中人物的处境和体验。

c.情绪追忆：针对一定的情境，通过言语提示唤醒学生与此有关的感受，并对这种情绪体验产生的情境、原因、事件进行追忆，加强情绪体验与特定情境之间的联系。这样可以用自己切身的体验来理解他人的感受。

②羞愧感

羞愧感是当认识到未能成功地以自己信以为好的方式行动或思考时，产生的痛苦的情绪。

当儿童产生羞愧感以后会记住产生这种情绪的条件，以后遇到类似情境便会努力克制可能导致犯错误的动机和行为，将成人的要求逐渐变为自己的要求。

（3）道德行为的培养

①群体约定

经过集体成员讨论制定的公约、规则会有助于学生形成积极的态度。群体中意见高度一致，行为取向一致，这会形成一种无形的规范力。

②道德自律

品德培养应该使学生达到道德自律的水平，即能按照自己内在的价值标准来评判自己的行为，从而规范自己做自己认为应该做的事，避免自己做那些不应该做的事。

自律行为大致包括三个主要的环节：自我观察、自我评价和自我强化。

本节小结

本节介绍了态度与品德的培养；具体内容包括品德的含义、心理结构、影响因素以及培养的方法。

参考文献

[1] 陈琦,刘儒德.当代教育心理学(慕课版)[M].3版.北京:北京师范大学出版社,2019.

[2] 张大均.教育心理学[M].3版.北京:人民教育出版社,2015.

[3] 冯忠良,任新春,姚梅林,等.教育心理学[M].3版.北京:人民教育出版社,2015.

[4] 斯滕伯格,威廉姆斯.教育心理学(原版)[M].2版.姚梅林,张厚粲,等译.北京:机械工业出版社,2012.

[5] 莫雷.教育心理学[M].北京:教育科学出版社,2007.

[6] 燕良轼.教育心理学[M].武汉:武汉大学出版社,2010.

[7] 梁宁建.心理学导论[M].2版.上海:上海教育出版社,2011.